配电网铁磁谐振原理及防护

刘红文　赵现平　黄　星　张恭源　等　编著

U0370502

科学出版社

北　京

内 容 简 介

本书介绍了国内外铁磁谐振研究现状及成果，侧重于铁磁谐振防治的实际应用。重点介绍了交流配电系统铁磁谐振原理、激发条件、影响因素、防护技术及防护设备性能检测、PSCAD 仿真技术。全书分为 6 章，第 1 章介绍了配电网铁磁谐振过电压原理，第 2 章介绍了配电网铁磁谐振发生条件及影响因素，第 3 章介绍了铁磁谐振防护技术及选用原则，第 4 章介绍了铁磁谐振防护设备性能检测，第 5 章介绍了电压互感器铁磁谐振试验，第 6 章介绍了配电网铁磁谐振仿真计算与分析。

本书可供发电、供电领域内从事交流配电网规划设计、运行维护及高压绝缘专业人员使用，对科研院校研究铁磁谐振同样具有参考价值。

图书在版编目(CIP)数据

配电网铁磁谐振原理及防护 / 刘红文等编著. — 北京：科学出版社，2019.5
ISBN 978-7-03-060434-7

Ⅰ. ①配… Ⅱ. ①刘… Ⅲ. ①配电系统–谐振过电压–研究 Ⅳ. ①TM86

中国版本图书馆 CIP 数据核字 (2019) 第 014107 号

责任编辑：张 展 叶苏苏 / 责任校对：彭 映
责任印制：罗 科 / 封面设计：墨创文化

科 学 出 版 社 出版
北京东黄城根北街16号
邮政编码：100717
http://www.sciencep.com

成都锦瑞印刷有限责任公司 印刷
科学出版社发行 各地新华书店经销
*

2019 年 5 月第 一 版 开本：B5（720×1000）
2019 年 5 月第一次印刷 印张：8 3/4
字数：172 000
定价：79.00 元
(如有印装质量问题，我社负责调换)

编辑委员会

前　言

在 6~66kV 交流配电系统中，电气设备在运行中承受各种各样的过电压，如来自系统外部的雷电过电压和系统内部电气参数发生变化时电磁能量振荡积累而引起的内部过电压，它们会对交流配电系统的安全稳定运行造成巨大的危害。交流配电网因中性点接地方式及其具有分布广、设备种类多的特点，其过电压问题与超高压和特高压电网有很大区别。据统计，配电网过电压事故约占电力系统过电压事故的 70%以上，严重地威胁着供电安全。例如，配电系统中存在的内部过电压方面有间歇性电弧接地过电压、开断并联电容器过电压、开断高压感应电动机过电压、高压熔断器切除配电变压器、站用变压器、电磁式电压互感器过电压及谐振过电压等，都是配电网特有的过电压。近年来，国内 6~66kV 交流配电系统因铁磁谐振引起的电磁式电压互感器、熔断器、一次消谐器等设备频繁发生损坏，严重影响配电网的安全稳定运行和配电系统的电能质量问题。目前铁磁谐振的防护技术通常采用电压互感器高压侧中性点串接消谐电阻或单相电压互感器、选用励磁特性好的电压互感器、减少同一网络中接地的电压互感器台数、零序回路加阻尼等方法，然而每种方法都有其优缺点，有的属于设计考虑的问题，有的属于设备选型的问题，加之铁磁谐振防护设备相关的性能检测方法不足，部分产品尚无相关检测方法，设备质量参差不齐，导致目前铁磁谐振引起的设备及配电网事故问题依然突出。

关于铁磁谐振的防护技术国内外许多技术研究人员也发表了众多相关研究论文，但因文章质量参差不齐，不便于技术人员使用。为此，本书在编写过程中侧重于实际应用，结合国内外铁磁谐振研究的成果和经验，主要介绍交流配电系统铁磁谐振原理、发生条件、影响因素、防护设备选择和性能检测、铁磁谐振的PSCAD 仿真技术，希望对相关专业人员有所帮助。

本书的大量数据来源于云南电网历年发生的铁磁谐振案例和建立的铁磁谐振试验、防护设备检测平台。本书作者有云南电网有限责任公司电力科学研究院长期从事铁磁谐振研究的工作人员，也有来自西安交通大学电气绝缘专业的专家教授和河北旭辉电气股份有限公司谐振防护设备的设计及制造人员。书中详细地介绍云南电网有限责任公司电力科学研究院提出并开发的检测电磁式电压互感器饱和型微机二次消谐装置的结构、性能指标和检测方法，该消谐装置克服了采用现有检测电压互感器开口三角零序电压型微机消谐装置的缺点。

本书在编写过程中，查阅、参考了许多文献资料、国家标准及行业标准，并将云南电网有限责任公司电力科学研究院负责牵头的电力行业标准《电磁式电压互感器用碳化硅消谐器技术规范》及《中性点不接地系统铁磁谐振防护技术导则》融入书中。

本书可供发电、供电以及高压绝缘专业人员使用，且对科研院校有关专业师生具有参考价值，同时作者希望本书能为生产一线从事交流配电网规划设计、运行维护的工程技术人员在具体工作中解决因铁磁谐振导致的相关问题有所帮助。

铁磁谐振的防护方法较多，其研究成果丰富且不断更新，由于编者水平有限，难免有不妥之处，敬请读者批评指正。

目　　录

第1章　配电网铁磁谐振过电压原理 ·· 1

1.1　配电网谐振过电压 ·· 2

1.2　铁磁谐振原理 ··· 3

    1.2.1　非线性电感的特性 ·· 3

    1.2.2　铁磁谐振回路 ·· 4

    1.2.3　铁磁谐振产生的物理过程 ·· 5

    1.2.4　铁磁谐振的代数分析法 ··· 8

1.3　铁磁谐振振荡模式 ··· 12

1.4　配电网铁磁谐振种类 ·· 14

    1.4.1　电磁式电压互感器铁磁谐振 ··· 14

    1.4.2　配电变压器铁磁谐振 ·· 17

1.5　铁磁谐振的危害及案例 ·· 20

    1.5.1　铁磁谐振的危害 ··· 20

    1.5.2　分频谐振案例 ··· 21

    1.5.3　工频谐振案例 ··· 23

第2章　配电网铁磁谐振发生条件及影响因素 ·· 26

2.1　配电网铁磁谐振发生条件 ··· 26

    2.1.1　铁磁谐振区域 ··· 26

    2.1.2　系统中不平衡能量 ·· 28

2.2　铁磁谐振的影响因素 ·· 28

    2.2.1　电容电流 ·· 28

    2.2.2　电压互感器励磁特性 ·· 34

    2.2.3　并联电压互感器组数 ·· 37

    2.2.4　阻尼 ··· 37

    2.2.5　故障消失时刻 ··· 38

第3章　铁磁谐振防护技术及选用原则 ··· 39

3.1　铁磁谐振防护技术相关标准介绍 ·· 39

3.2　消弧线圈 ·· 40

3.3　一次消谐器 ··· 43

3.4　二次消谐器 ··· 46

　　　3.4.1　传统二次消谐器 ························· 46

　　　3.4.2　微机二次消谐器 ························· 47

　3.5　4单元电压互感器法(4PT) ····················· 54

　3.6　电容式电压互感器 ························· 56

　3.7　提高电压互感器饱和拐点电压 ··················· 59

　3.8　增加系统对地电容 ························· 60

　3.9　减少接地电压互感器组数 ····················· 60

第4章　铁磁谐振防护设备性能检测 ····················· 61

　4.1　SiC一次消谐器 ························· 61

　　　4.1.1　性能参数 ························· 61

　　　4.1.2　性能要求 ························· 62

　　　4.1.3　试验 ························· 63

　4.2　微机二次消谐装置 ························· 64

　　　4.2.1　性能参数 ························· 64

　　　4.2.2　试验 ························· 65

第5章　电压互感器铁磁谐振试验 ····················· 67

　5.1　铁磁谐振试验系统基本组成 ····················· 67

　　　5.1.1　试验电源及滤波装置 ····················· 67

　　　5.1.2　试验设备 ························· 68

　5.2　铁磁谐振模拟试验 ························· 68

　　　5.2.1　分频谐振 ························· 68

　　　5.2.2　工频谐振 ························· 73

　　　5.2.3　高频谐振 ························· 74

　　　5.2.4　参数不平衡谐振 ························· 75

　5.3　防护设备性能试验 ························· 76

　　　5.3.1　SiC一次消谐器消谐性能试验 ··················· 76

　　　5.3.2　消弧线圈消谐性能试验 ····················· 82

　　　5.3.3　二次消谐器消谐性能试验 ····················· 83

第6章　配电网铁磁谐振仿真计算与分析 ··················· 89

　6.1　仿真软件介绍 ························· 89

　　　6.1.1　技术背景 ························· 89

　　　6.1.2　主要的研究范围 ························· 90

　　　6.1.3　目前应用情况 ························· 91

　　　6.1.4　各版本限制 ························· 91

　6.2　电磁式电压互感器铁磁谐振仿真计算与分析 ·············· 91

　　　6.2.1　基本模型 ························· 91

6.2.2　一次消谐器模型 ································· 94

6.2.3　消弧线圈模型 ································· 96

6.2.4　二次消谐器模型 ································· 96

6.2.5　接地引起的铁磁谐振仿真分析 ················· 97

6.2.6　断线引起的铁磁谐振仿真分析 ················· 105

6.2.7　接地引起的铁磁谐振防护技术仿真分析 ········· 107

6.2.8　断线引起的铁磁谐振防护技术仿真分析 ········· 111

6.2.9　线路参数不平衡时铁磁谐振防护技术仿真分析 ····· 113

6.3　配电变压器铁磁谐振仿真计算与分析 ················· 117

6.3.1　基本模型 ································· 117

6.3.2　铁磁谐振仿真分析 ································· 117

6.3.3　铁磁谐振防护技术仿真分析 ················· 122

参考文献 ································· 125

第 1 章　配电网铁磁谐振过电压原理

电气设备在运行中承受各种各样的过电压，有来自系统外部的雷电过电压和系统内部电气参数发生变化时电磁能量振荡积累而引起的内部过电压，交流配电系统过电压的分类如下。

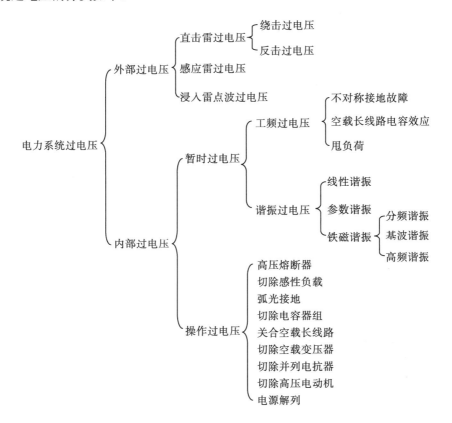

雷电过电压的能量来自系统外部，又称为外部过电压，可分为直击雷过电压、感应雷过电压和浸入雷点波过电压 3 种类型。其中，直击雷过电压是由雷击输电线路的导线或杆塔引起的，而感应雷过电压是由雷击附近地面时产生的电磁感应引起的。直击雷过电压发生时，根据雷电击中输电线路部位的不同，可分为绕击过电压和反击过电压两类。绕击过电压发生时，因为避雷线的存在，雷电可能会绕过避雷线，直接击中导线，从而产生绕击过电压；反击过电压发生时，由于雷电击中避雷线或杆塔的顶部，引起杆塔对地电位的升高而产生反击过电压[1]。

内部过电压的能量来自系统本身，根据持续时间的不同，可分为暂时过电压和操作过电压。暂时过电压发生时，因其持续的时间相对较长，有些暂时过电压可能会长期存在。因此，暂时过电压又称为稳态过电压，可以分为工频过电压和谐振过电压两类[2]。工频过电压产生的原因包括不对称接地故障、空载长线路电容效应，以及甩负荷。电网中存在的电感和电容元件，可能会形成不同的振荡回路，在一定的电源激励下，当进行操作或发生故障时，就可能会引起谐振过电压。操作过电压的持续时间相对较短，一般在 5 个工频周期之内，根据断路器开合电气元件的不同，可分为高压熔断器、切除感性负载、弧光接地、切除电容器组、关合空载长线路、切除空载变压器、切除并列电抗器、切除高压电动机、电源解列等。

交流配电网过电压问题与高压、超高压和特高压电网是有区别的，配电网具有分布广、设备种类多、绝缘水平低的特点，容易因过电压造成事故。据统计，配电网过电压事故约占电力系统过电压事故的 70% 以上，严重地威胁供电安全。例如，内部过电压方面存在的间歇性电弧接地过电压、开断并联电容器过电压、开断高压感应电动机过电压、高压熔断器切除配电变压器、站用变压器、电磁式电压互感器及谐振过电压等都是配电网特有的过电压。

1.1　配电网谐振过电压

交流配电系统中包含许多电感和电容元件，作为电感元件的有电力变压器、互感器、发电机、消弧线圈及线路导线等的电感，作为电容元件的有线路导线的对地电容和相间电容、补偿用的串联和并联电容器组及各种高压设备的寄生电容等。在系统进行操作或发生故障时，这些元件可能形成各种不同的振荡回路，并在一定的能量作用下产生谐振现象，引起谐振过电压[3]。

谐振过电压不仅可以在进行操作或发生故障的过程中产生，而且可能在过渡过程结束后的较长时间内稳定存在，直到发生新的操作，且谐振条件受到破坏为止。因此谐振过电压的严重性既取决于它的幅值，也取决于它的持续时间。谐振过程不仅会产生过电压危及电气设备的绝缘或产生持续的过电流而烧毁设备，而且还可能影响过电压保护装置的工作条件，如影响阀型避雷器的灭弧条件。不同电压等级、不同结构的系统中，可能产生不同类型的谐振过电压。通常认为系统中的电阻和电容元件为线性参数，电感元件则有 3 类不同的特性参数，对应 3 种电感参数，在一定的电容参数和其他条件配合下，可能产生线性谐振过电压、铁磁谐振过电压和参数谐振过电压 3 种不同性质的谐振过电压。因此谐振可分为线性谐振、铁磁谐振(非线性谐振)和参数谐振 3 种类型[4]。

(1)线性谐振。线性谐振是交流配电网中最简单的谐振形式，其电路中的元件参数为常数，不随电压或电流而变化，主要是指不带铁芯的电感元件(如输电线路的电感、变压器的漏电感)或励磁特性接近线性的带铁芯电感元件。在正弦交流电压下，当电源频率和系统自振频率相等或接近时可能产生强烈的线性谐振现象。

(2)铁磁谐振。铁磁谐振是指振荡回路中带铁芯的电感元件(如变压器、电压互感器等)的磁路饱和作用，使它们的电感减小，从而激发起来的持续性的谐振。这种谐振可能是高频谐振、基波谐振、分频谐振，其表现形式可能为单相、两相或三相对地电压升高；以低频摆动，引起绝缘闪络或避雷器爆炸或产生高值零序电压分量，出现虚幻接地现象和不正确的接地指示；电压互感器中出现过电流引起熔断器熔断；电磁式电压互感器烧毁；可能使小容量的异步电动机发生反转等。

(3)参数谐振。参数谐振是指水轮发电机在正常的同步运行时，直轴同步电抗和交轴同步电抗周期性变动，或者同步发电机异步运行时，其电抗在直轴次暂态电抗和交轴稳态电抗之间周期性变动，如果与电机外露的容抗满足谐振条件，就有可能在电感参数周期变化的振荡回路中，引起谐振现象，成为参数谐振。

限制谐振过电压的基本方法有以下两种。

(1)尽量防止谐振的发生，这就要求在设计中做出必要的预测，适当地调整电网参数，避免谐振发生。

(2)缩短谐振存在的时间，降低谐振的幅值，削弱谐振的影响。一般是采用电阻阻尼进行抑制。

1.2　铁磁谐振原理

铁磁谐振仅产生于含有铁芯电感元件的电路中，铁芯电感元件的电感值随电压、电流的大小而变化，不是一个常数，所以铁磁谐振又称为非线性谐振。

1.2.1　非线性电感的特性

交流配电系统中存在大量的铁磁元件，如电压互感器、变压器等，因铁芯饱和，其电感将变为非线性，非线性电感的磁链 Φ 与电流 i 的关系为：当电流较小时，可认为 Φ 与 i 呈线性关系，静态电感 $L=\Phi/i$ 保持不变；随着电流不断增加，铁芯开始饱和，电感 L 逐渐减小。当交流电源作用于非线性电感时，波形会产生畸变现象。铁磁元件的非线性特性如图 1-1 所示，假设磁链 Φ 为标准的正弦波形，则电流波形将会出现尖峰，说明波形中含有了奇次谐波[5]。

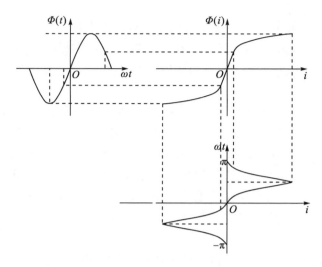

图 1-1   铁磁元件的非线性特性

交流配电系统中的铁磁谐振是由铁磁元件饱和引起的。

1.2.2   铁磁谐振回路

含有铁芯的电感元件会产生饱和现象，此时电感不再是常数，而是随着电流或磁通的变化而变化。交流配电网铁磁谐振现象常常发生在由空载变压器、电压互感器和电容器组成的回路中。

简单的 R、C 和铁芯电感 L 的串联电路如图 1-2 所示，假设在正常运行条件下，其初始状态是感抗大于容抗，即 $\omega L > \dfrac{1}{\omega C}$，此时不具备线性谐振条件。但当铁芯电感两端电压有所升高时，或者电感线圈中出现涌流时，就有可能使铁芯饱和，其感抗随之减小。当降至 $\omega L = \dfrac{1}{\omega C}$（即满足 $\omega = \omega_0 = \dfrac{1}{\sqrt{LC}}$），且满足串联谐振条件时发生谐振，并在电感和电容两端形成过电压，这种因电感元件铁芯饱和而引起的现象称为铁磁谐振[6]。

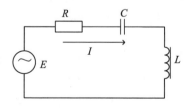

图 1-2   串联铁磁谐振电路

对于固定的电感、电容、阻尼和电源电压，谐振回路中有固定的自振频率(即 ω_0 为定值)。当谐振频率 f_0 为工作频率(50Hz)时，回路的谐振称为基波谐振；当谐振频率为工频的整数倍(如 3 倍、5 倍等)时，回路的谐振称为高次谐波谐振；当谐振频率为工频的 1/2、1/3、1/4 时，回路的谐振称为分频谐振。

因此，铁磁谐振具有各种谐波谐振的可能性，这是铁磁谐振不同于线性谐振的重要特点。

1.2.3　铁磁谐振产生的物理过程

图 1-3 所示为铁芯电感和电容上的电压随电流变化的曲线 U_L、U_C，电压和电流都用有效值表示。显然，U_C 应是一根直线($U_C = \dfrac{1}{\omega C}$)，而铁芯电感在铁芯未饱和前，$U_L$ 基本上是一根直线(见图 1-3 中 U_L 的起始部分)，它具有未饱和的电感值 L_0，当铁芯饱和以后，电感值减小，不再是直线。在正常运行条件下，铁芯电感的感抗要大于容抗，才有可能在铁芯饱和之后，由于电感值的下降而出现感抗等于容抗的谐振条件，即未饱和时电感值应满足 $\omega L_0 > \dfrac{1}{\omega C}$，这是产生铁磁谐振的必要条件，但不是充分条件。只有满足上述条件，伏安特性才有可能相交。从物理意义上可理解为：当满足以上条件时，电感未饱和时电路的自振频率低于电源频率。而随着铁芯的饱和，铁芯线圈中电流增加，电感值下降，使得在某一电流值(或电压)下，回路的自振频率正好为电源频率的整数倍或分数倍，也就是 U_L、U_C 两伏安特性曲线的交点[7]。

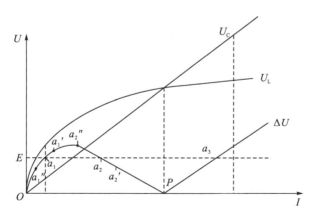

图 1-3　串联铁磁谐振回路的伏安特性

若忽略回路电阻，则回路中 L 和 C 上的压降之和应与电源电势平衡，即 $\dot{E} = \dot{U}_L + \dot{U}_C$，由于 $\dot{U}_L$ 与 $\dot{U}_C$ 相位相反，故此平衡方程变为 $E > \Delta U$，而 $\Delta U =$

$|U_L - U_C|$。在图 1-3 中也画出了 ΔU 的曲线，可以看到 ΔU 曲线与 E 线(虚线)在三处(a_1、a_2、a_3)相交，这三点都满足电压平衡条件 $E > \Delta U$，称为平衡点。根据物理概念，平衡点满足电压的平衡条件，但不一定满足稳定条件，而不满足稳定条件的点就不能成为实际的工作点。通常可用"小扰动"来考察某平衡点是否稳定，即假定有一个小扰动使回路状态离开平衡点，然后分析回路状态能否回到原来的平衡点状态，若能回到平衡点，则说明该平衡点是稳定的，能成为回路的实际工作点；否则，若小扰动使回路状态越来越偏离平衡点，则该平衡点是不稳定的，不能成为回路的实际工作点。

　　根据这个原则，我们来判断平衡点 a_1、a_2、a_3 中哪个是稳定的，哪个是不稳定的。对点 a_1 来说，若回路中的电流由于某种扰动而有微小的增加，ΔU 沿曲线偏离 a_1 点到 a_1'，此时 $E < \Delta U$，即外加电势小于总压降，使电流减小，从而 a_1' 又回到 a_1；相反，若扰动使电流有微小的下降，ΔU 沿曲线偏离 a_1 点到 a_1'' 点，此时 $E > \Delta U$，即外加电势大于总压降，使得电流增大，从而 a_1'' 又回到 a_1。根据以上判断，可见 a_1 点是稳定的。用同样的方法可以判断 a_3 点也是稳定的。对 a_2 点来说，若回路中的电流由于某种扰动而有微小的增加，从 a_2 偏离至 a_2' 点，此时外加电势 E 将大于 ΔU，这使得回路电流继续增加，直至达到新的平衡点 a_3 为止；反之，若扰动使电流稍有减小，ΔU 沿曲线从 a_2 点偏离至 a_2'' 点，此时外加电势 E 不能维持总压降 ΔU，这使回路电流继续减小，直到稳定的平衡点 a_1 为止。可见平衡点 a_2 不能经受任何微小的扰动，是不稳定的。

　　由此可见，在一定外加电势 E 的作用下，铁磁谐振回路稳定时可能有两个稳定工作状态，即 a_1 点与 a_3 点。在 a_1 点工作状态时，$U_L > U_C$，整个回路呈电感性，回路中电流很小，电感上与电容上的电压都不太高，不会产生过电压，回路处于非谐振工作状态。在 a_3 点工作状态时，$U_L < U_C$，回路呈电容性，此时不仅回路电流较大，而且在电感电容上都会产生较大的过电压(图 1-3 中 $U_L > U_C$ 都大大超过 E)。串联铁磁谐振现象，也可从电源电势增加时回路工作点的变化中看出。如图 1-4 所示，当电势由零逐渐增加时，回路的工作点将由 O 点逐渐上升到 m 点，然后跃变到 n 点，同时回路电流将由感性突然变成容性，这种回路电流相位发生 180° 突然变化的现象，称为相位反倾现象。在跃变过程中，回路电流激增，电感和电容上的电压也大幅度提高，这就是铁磁谐振的基本现象[8]。

　　从图 1-3 中可以看到，当电势较小时，回路存在两个可能的工作点 a_1、a_3，而当 E 超过一定值后，只可能存在一个工作点(图 1-3 中 a_3 点右移)。当存在两个工作点时，若电源电势没有扰动，则只能处在非谐振工作点 a_1 上。为了建立起稳定的谐振(工作于点 a_3 上)，回路必须经过强烈的过渡过程，如电源的突然合闸等。这时到底是工作在非谐振工作点 a_1 上还是谐振工作点 a_3 上，取决于过渡过程的激烈程度。这种需要经过过渡过程来建立谐振的现象，称为铁磁谐振的激发。但是谐振一旦激发(即经过过渡过程之后工作于 a_3 点)，则谐振状态可能"自保持"(因为 a_3 点属于稳定工作点)，并且维持很长时间而不衰减。

　　下面来看图 1-3 中的 P 点，在该点 $U_L=U_C$，这时回路发生串联谐振(回路的自振角频率 ω_0 等于电源角频率 ω)。但 P 点不是平衡点，故不能成为工作点，由于铁芯的饱和，随着振荡的发展，在外界电势作用下，回路将偏离 P 点，最终稳定于 a_3 点或 a_1 点。而在 a_3 工作点时出现铁磁谐振过电压，正因如此，这里将 a_3 点而不是 P 点称为谐振点。

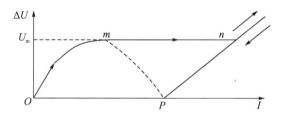

图 1-4　铁磁谐振开始时的跃变现象

　　在图 1-4 中进一步说明了回路中工作状态的转化过程。当电源电势 E 由零逐渐增加时，回路的工作点将沿着曲线 $\Delta U(I)$ 的 Om 段逐渐上升，直到 m 点，当电源电势再继续增加超过 m 点的值 U_m(幅值)时，在 Om 段无法再找到工作点，这样，工作点将从 m 点突然跳变到 n 点，并沿着曲线 $\Delta U(I)$ 的 Pn 端继续逐渐上移，此时回路电流相位完全反转，即所谓"相位反倾"，电感和电容上也有极高的过电压。

　　考虑回路中的电阻 R 后，回路的总压降 $\Delta U' = \sqrt{\Delta U^2 + (IR)^2}$，此时 $\Delta U'$ 曲线如图 1-5 所示，此时谐振工作点从 c 转移至 c'，L、C 两端的过电压有所下降。若 R 特别大，此时 P 点高度大于电动势 E，即 $I_pR > E$，则回路只有一个正常工作点，消除了铁磁谐振产生的可能。

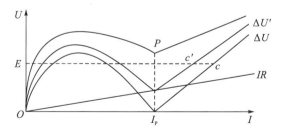

图 1-5　考虑电阻的串联铁磁谐振电路的特性曲线

1.2.4　铁磁谐振的代数分析法

这里用谐波平衡法对 RLC 串联回路的基频铁磁谐振特性进行推导。在图 1-2 中，电阻 R、非线性电感 L 和电容 C 构成串联回路，其中非线性电感 L 的磁化特性为

$$i = a_1\varphi + a_3\varphi^3 \qquad (a_1, a_3 > 0) \tag{1-1}$$

简便起见，这里选取三次多项式拟合 L 的非线性励磁特性，当 L 指大容量变压器或互感器时，有的文献甚至采用 7 次多项式[9]。

设 $E(t) = \sqrt{2}E\sin\omega t$，则回路满足的微分方程为

$$\frac{\mathrm{d}^2\varphi}{\mathrm{d}t^2} + R\frac{\mathrm{d}i}{\mathrm{d}t} + \frac{i}{C} = \sqrt{2}\omega E\cos\omega t \tag{1-2}$$

将式(1-1)代入式(1-2)，可得

$$\frac{\mathrm{d}^2\varphi}{\mathrm{d}t^2} + R(a_1 + 3a_3\varphi^3)\frac{\mathrm{d}\varphi}{\mathrm{d}t} + \frac{a_1\varphi + a_3\varphi^3}{C} = \sqrt{2}\omega E\cos\omega t \tag{1-3}$$

式(1-3)是一个非线性微分方程，直接求解比较困难，用谐波平衡法可以求出近似解。

谐波平衡法是将非线性方程的解假设为各次谐波叠加的形式，再将方程的解代入非线性方程中，令方程两边各次谐波系数相等可得含有相应未知系数的方程组，求解该方程组即可得到各次谐波振幅的近似解。

图 1-2 中电路的稳态解可表示为基频及一系列高频和分频正弦分量之和。

$$\varphi(t) = \Phi_1\sin(\omega t + \theta_1) + \sum_{n=1}^{\infty}\Phi_{2n+1}\sin\left[(2n+1)\omega t + \theta_{2n+1}\right]$$
$$+ \sum_{n=1}^{\infty}\Phi_{1/(2n+1)}\sin\left[\omega t/(2n+1) + \theta_{1/(2n+1)}\right] \tag{1-4}$$

这里只讨论基波铁磁谐振，所以忽略其他谐波分量，设磁通为

$$\varphi(t) = \Phi_1\sin(\omega t + \theta_1) \qquad (\Phi_1 \geqslant 0) \tag{1-5}$$

将式(1-5)代入式(1-3)并展开，仅保留基频分量可得

$$\left(\frac{4a_1 + 3a_3\Phi_1^2}{4C} - \omega^2\right)\Phi_1\sin\omega t + \theta_1 + \left(a_1 + \frac{3a_3\Phi_1^2}{4}\right)\omega R\Phi_1\cos\left(\omega t + \theta_1\right)$$
$$= \sqrt{2}\omega E\cos\omega t \tag{1-6}$$

由三角函数的性质可得

$$\left(\frac{4a_1 + 3a_3\Phi_1^2}{4C} - \omega^2\right)^2\Phi_1^2 + \left(a_1 + \frac{3a_3\Phi_1^2}{4}\right)^2\omega^2 R^2\Phi_1^2 = 2\omega^2 E^2 \tag{1-7}$$

整理得

$$9a_3^2(1+4\omega^2C^2R^2)\Phi_1^6 + 24a_3(a_1-\omega^2C+a_1\omega^2C^2R^2)\Phi_1^4 +$$
$$16\left[(a_1-\omega^2C)^2+a_1^2\omega^2C^2R^2\right]\Phi_1^2 - 32\omega^2C^2E^2 = 0 \tag{1-8}$$

式 (1-8) 是关于 Φ_1^2 的三次方程，它的非负实根对应着 Φ_1 的一个解。从理论上可以求出该方程的解，但是很复杂。如果将相关参数的值代入式 (1-8)，则可以方便地求出 Φ_1 的数值解，还能对 Φ_1 与其他参数间的关系进行定量分析。如果之前非线性电感的拟合多项式次数很高，那么这个方程的次数也会很高，只能考虑用图解法定性分析或采用数值计算的方法进行分析。

下面先忽略 R 的影响，从式 (1-8) 入手，对 Φ_1 的解进行讨论，进而分析基波铁磁谐振的性质。在式 (1-8) 中取 $R=0$，则有

$$9a_3^2\Phi_1^6 + 24a_3(a_1-\omega^2C)\Phi_1^4 + 16(a_1-\omega^2C)^2\Phi_1^2 - 32\omega^2C^2E^2 = 0 \tag{1-9}$$

设

$$x = \Phi_1^2 \tag{1-10}$$

$$f(x) = 9a_3^2x^3 + 24a_3(a_1-\omega^2C)x^2 + 16(a_1-\omega^2C)^2x - 32\omega^2C^2E^2 \tag{1-11}$$

可得

$$f'(x) = 27a_3^2x^2 + 48a_3(a_1-\omega^2C)x + 16(a_1-\omega^2C)^2 \tag{1-12}$$

其判别式为

$$\Delta = \left[48a_3(a_1-\omega^2C)\right]^2 - 4\times27a_3^2\times16(a_1-\omega^2C)^2 = 576a_3^2(a_1-\omega^2C)^2 \tag{1-13}$$

(1) 若 $a_1=\omega^2C$，则 $f(x) = 9a_3^2x^3 - 32\omega^2C^2E^2$，方程 $f(x)=0$ 有唯一的正实根 $x = \sqrt{\dfrac{32\omega^2C^2E^2}{9a_3^2}}$，这个根随着 E 的增大而缓慢增大，所以回路不会产生谐振。

(2) 若 $a_1>\omega^2C$，则 $\Delta>0$，令 $f'(x)=0$ 可求出两个极点：$x_p = \dfrac{4(a_1-\omega^2C)}{3a_3}$ 和 $x_q = \dfrac{4(a_1-\omega^2C)}{9a_3}$，显然 $x_p < x_q < 0$，考虑到 $f(0) = -32\omega^2C^2E^2 \leqslant 0$ 及 $\lim\limits_{x\to\infty}f(x) = +\infty$，方程 $f(x)=0$ 只会有一个非负实根，且这个根随着 E 的增大而缓慢增大，所以回路不会产生谐振。

(3) 若 $a_1<\omega^2C$，则 $\Delta<0$。

当 $E=0$ 时，$f(x) = x\left[3a_3x+4(a_1-\omega^2C)^2\right]$，方程 $f(x)=0$ 有两个非负实根：0 和 $\dfrac{4(\omega^2C-a_1)}{3a_3}$，说明回路有两个工作点。

当 $E>0$ 时，令 $f'(x)=0$ 可求出两个极点：$x_\mathrm{p}=\dfrac{4\left(\omega^2C-a_1\right)}{9a_3}$ 和 $x_\mathrm{q}=\dfrac{4\left(\omega^2C-a_1\right)}{3a_3}$，

显然 $0<x_\mathrm{p}<x_\mathrm{q}$。将 x_p 和 x_q 的表达式代入式(1-11)，可得

$$f(x_\mathrm{p})=\frac{256\left(\omega^2C-a_1\right)^3}{81a_2}-32\omega^2C^2E^2 \tag{1-14}$$

$$f\left(x_\mathrm{q}\right)=-32\omega^2C^2E^2<0 \tag{1-15}$$

如图 1-6 所示，当 $f(x_\mathrm{p})>0$，即 $E<\sqrt{\dfrac{8\left(\omega^2C-a_1\right)^3}{81a_3\omega^2C^2}}$ 时，方程 $f(x)=0$ 有 3 个

正实根 x_1、x_2、x_3，对应于回路的 3 种工作状态。其中，x_1 和 x_3 对应的工作点是稳定的，而 x_2 对应的工作点是不稳定的。这是因为 x_1 和 x_3 随 E 的增大而增大，如果回路电流因某种扰动而略微增加时，回路要达到稳态就需要更大的电源电势，但是电源是不会变化的，这就强迫回路电流减小而回到原来的稳定点。而 x_2 随 E 的增大而减小，稍有扰动回路就会转移到 x_1 或 x_3 对应的工作状态。x_1 的值较小，它对应于回路的正常状态；x_3 的值很大，它对应于回路的谐振状态。要使回路从 x_1 的状态转移至 x_3 的谐振状态，需要一个较大的扰动。

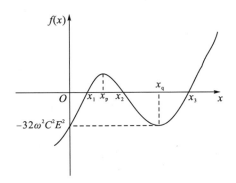

图 1-6   三次函数 $f(x)$ 的图像

当 $E=\sqrt{\dfrac{8\left(\omega^2C-a_1\right)^3}{81a_3\omega^2C^2}}$ 时，方程 $f(x)=0$ 有两个正实根：x_1 和 x_3，此时 x_1 对应

的工作状态也不稳定，回路很容易发生基频谐振。

当 $E>\sqrt{\dfrac{8\left(\omega^2C-a_1\right)^3}{81a_3\omega^2C^2}}$ 时，方程 $f(x)=0$ 只有一个正实根 x_3，此时回路必然发

生基波谐振，而且不需要外界激发，这种现象称为自激。

综上所述，$a_1<\omega^2C$ 是回路发生基波铁磁谐振的必要条件，而

$$\frac{1}{a_1} = \frac{d\varphi}{dt}\Big|_{t=0} = L_{d0} \tag{1-16}$$

其中，L_{d0} 为非线性电感的初始动态电感，那么谐振条件可以改写为

$$\omega L_{d0} > \frac{1}{\omega C} \tag{1-17}$$

式(1-17)的物理意义是十分明确的：只有在电感的初始感抗大于回路容抗的情况下，电感饱和后的感抗才可能等于回路容抗，进而产生基波铁磁谐振。

同时，如果电源电势过大，超过了 $\sqrt{\dfrac{8\left(\omega^2 C - a_1\right)^3}{81 a_3 \omega^2 C^2}}$，则回路可以自激，这种情况很危险。用 L_{d0} 代替 a_1，可知电源电势的临界值为

$$E_m = \sqrt{\frac{8\omega C\left(\omega L_{d0} - \dfrac{1}{\omega C}\right)^3}{81 a_3 L_{d0}^{\,3}}} \tag{1-18}$$

现在考虑回路电阻 R 的影响，当 R 特别大时，式(1-8)近似为

$$36 a_3^{\,2}\omega^2 C^2 R^2 \Phi_1^6 + 24 a_1 a_3 \omega^2 C^2 R^2 \Phi_1^4 - 32\omega^2 C^2 E^2 = 0 \tag{1-19}$$

用前文中的方法可知该方程有且仅有一个正实根，回路不会产生基波谐振。而在电阻 R 较小时(参考 $R=0$ 的情况)，一定条件下回路会产生谐振，这说明 RLC 串联回路中，电阻 R 的增大能够有效抑制基波铁磁谐振过电压[10]。

根据上述方法的推导，可将铁磁谐振的产生条件及主要特点归纳如下。

(1)PT 一次侧中性点接地。

n 次谐波谐振产生的条件具有类似的形式：

$$n\omega L_0 > \frac{1}{n\omega C} \tag{1-20}$$

$n=1/2$、$1/3$、$1/5$ 等为分频谐振，$n=2$、3、5 等为高频谐振。

(2)铁磁谐振过电压需要外界激发。

(3)电容 C 增大时，出现铁磁谐振的可能性将减小。

(4)由于受电感饱和效应的限制，铁磁谐振过电压的幅值一般不会很高。

(5)谐振状态有自保持性。

(6)具有各次谐波谐振(实际值通常是 1/2、1/3 和 3 次)的可能性。

(7)当回路电阻大到一定数值时，回路中不会产生铁磁谐振过电压。

综上所述，可以将铁磁谐振的几个主要特点总结如下。

(1)发生铁磁谐振的必要条件是谐振回路中 $\omega L_0 > \dfrac{1}{\omega C}$，$L_0$ 为正常运行条件下，即非饱和状态下回路中铁芯电感的电感值。这样，对于一定的 L_0 值，在很大的 C 值范围内(即 $C > \dfrac{1}{\omega^2 L_0}$)都可能产生铁磁谐振。

(2)对于满足必要条件的铁磁谐振回路,在相同的电源电势作用下,回路可能有不止一种稳定工作状态(以基波为例,就有非谐振状态和谐振状况两种稳定工作状态)。回路究竟是处于谐振工作状态还是处于非谐振工作状态,要看外界激发引起过渡过程的情况。在这种激发过程中,伴随电路由感性突变成容性的相位反倾现象,且一旦处于谐振状态下,将产生过电流与过电压,谐振也能继续保持。

(3)铁磁谐振是由电路中铁磁元件铁芯饱和引起的,但铁芯的饱和现象也限制了过电压的幅值。此外,回路损耗(如有功负荷或电阻损耗)也使谐振过电压受到阻尼和抑制。当回路电阻大到一定数值时,就不会产生强烈的铁磁谐振过电压,这说明了为什么电力系统中的铁磁谐振往往是在电磁式电压互感器或空载变压器上。

理论分析、实际运行和实验分析表明,在铁芯电感的振荡回落中,如满足一定的条件,还可能出现持续性的高次谐波铁磁谐振与分次谐波铁磁谐振。在某些特殊情况下,还会同时出现两个以上频率的铁磁谐振。

1.3 铁磁谐振振荡模式

分析非线性共振振荡模式一般有下列 3 种。

(1)分析电流或电压信号的频谱。

(2)庞加莱映射(Poincare map)由磁通及电压间的相位关系来分析。

(3)分支图(bifurcation diagram)利用非线性动态理论的李雅普诺夫指数(lyapunov exponent)来证明电压振幅与混沌振荡间的关系,若有分歧点产生,即表示在该电压下会产生混沌共振现象。

这 3 种方式又以频谱最为普遍,因此本书针对频谱判别法加以探讨。铁磁谐振所引起的过电压振荡模式可以分为以下 4 类。

(1)基波模式(fundamental mode)。电压/电流的周期和系统周期一样,而且包含整数倍谐波,在频谱分析上属于非连续性的频谱,除基本波外,还有其他整数倍的谐波存在,如图 1-7 所示,而在庞加莱映射上为远离正常规模的单点。

(2)次谐波模式(subharmonics mode)。电压/电流的周期是系统周期奇数的分数倍,在频谱分析上也属于非连续性的频谱,除基波外,还有其他分数谐波存在,如图 1-8 所示,在庞加莱映射上为多点。

(3)类周期模式(quasi-periodic mode)。类周期模式也称虚拟周期(pesudo-periodic),在频谱分析上也属于非连续性的频谱,频率表现为 nf_1+mf_2,其中 n、m 为整数,f_1、f_2 为无理数,如图 1-9 所示,在庞加莱映射上的显示为一堆点成闭合轨道形状。

(4)混沌模式(chaotic mode)。混沌模式在时域部分为非周期性波形,如图 1-10(a)所示,在频谱上是某一频带范围(broadband)属于某一区间连续的频谱,如图 1-10(b)

所示，在庞加莱映射上显示为不规则状的一堆点[11]。

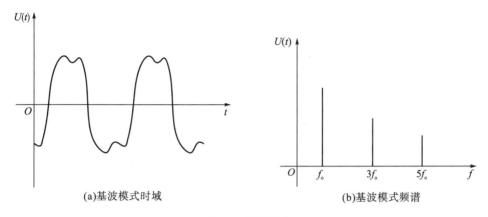

(a)基波模式时域　　　　　　　　　　　(b)基波模式频谱

图 1-7　基波模式

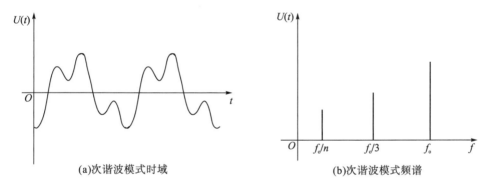

(a)次谐波模式时域　　　　　　　　　　(b)次谐波模式频谱

图 1-8　次谐波模式

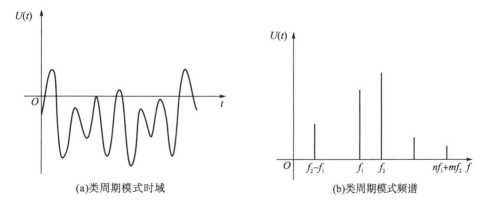

(a)类周期模式时域　　　　　　　　　　(b)类周期模式频谱

图 1-9　类周期模式

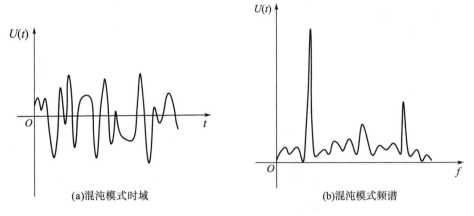

(a)混沌模式时域   (b)混沌模式频谱

图 1-10   混沌模式

1.4   配电网铁磁谐振种类

交流配电网依据铁磁谐振波形中含有的谐波分量分类，可分为分频谐振、基频谐振和高频谐振，依据参与铁磁谐振的带铁芯饱和电感元件分类，可分为电磁式电压互感器铁磁谐振和变压器铁磁谐振(通常为站用变压器和配电变压器)。

1.4.1   电磁式电压互感器铁磁谐振

带有 Y_0 接线电压互感器的三相电路如图 1-11 所示，C_0 为各相导线对地电容，L_1、L_2、L_3 为电压互感器各相励磁电感。因为三相系统的铁磁谐振是不同相间的电容和电感之间的能量交换，带有零序性质，所以导线相间电容、改善功率因数的并联电容器组、负载变压器、有功及无功负荷均不起作用，图 1-11 中将其全部略去。

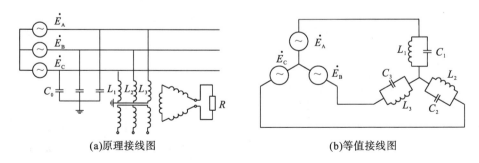

(a)原理接线图   (b)等值接线图

图 1-11   带有 Y_0 接线电压互感器的三相电路

1. 电磁式电压互感器的铁磁谐振回路

电磁式电压互感器的铁磁谐振的三相回路存在异相能量的交换。当系统受到接地故障或雷电冲击扰动引发铁磁谐振时，异相之间的电容和电感与电源构成回路[12]。如图 1-12 所示，当铁磁谐振激发后，电磁能量就有可能通过 A 相的电压互感器的电感 L_1 和 B 相的对地电容 C_3，然后流回电源，与电源构成串联回路，其异相能量电流流向简图如图 1-13 所示。

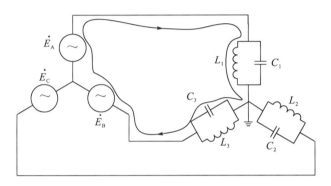

图 1-12　异相能量电流流向示意图

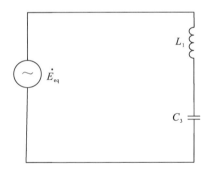

图 1-13　异相能量电流流向简图

2. 电磁式电压互感器饱和引起的谐振过电压

在中性点不接地系统中，为了监视三相对地电压，在发电厂、变电所母线上常接有一次中性点接地电磁式电压互感器。在图 1-11 中，$L_1 = L_2 = L_3$ 为电压互感器各相的励磁电感，$\dot{E}_A$、$\dot{E}_B$、$\dot{E}_C$ 为三相电源电势，C_0 为各相导线对地电容。正常运行时，电压互感器的励磁阻抗是很大的，所以系统每相对地阻抗(L 和 C_0 并联后)呈容性，三相基本平衡，电网中性点的位移电压很小。但当系统中出现某些扰动，使系统三相电压不平衡或电压互感器励磁电感的饱和程度不同时，就可能出现较高中性点位移电压，系统中性点位移电压恢复为原来正常运行状态(中性点位移电压很小)的过程中，可能引起谐振过电压[13]。

常见的引起系统三相电压不平衡或电压互感器励磁电感不同程度饱和的各种扰动有：雷击或其他原因使线路发生瞬时单相弧光接地，使健全相上电压突然升高到线电压，而故障相在接地消失时又可能有电压的突然上升，在这些暂态过程中会有很大的涌流；由于传递过电压，如高压绕组侧发生单相接地或不同期合闸，低压侧有传递过电压使电压互感器铁芯饱和；由于倒闸操作等引起的操作过电压或电压互感器的突然合闸或二次负荷突然变化，使得某一相或两相绕组出现较大的励磁通流。这些系统内部或外部的扰动导致的电磁暂态过渡过程都有可能引起铁磁谐振过电压。

因铁磁谐振是由系统中性点位移电压恢复为原来正常运行状态过程中引起的，谐振回路中的过电压是带有零序性质的。由于系统网络零序参数的不同，这种谐振过电压可以是基波谐振过电压，也可以是高次谐波或分次谐波谐振过电压[14]。下面对谐振过电压的产生过程进行分析。

对于图 1-11(b) 中的等值接线，中性点的位移电压为

$$\dot{U}_0 = \frac{\dot{E}_A \dot{Y}_1 + \dot{E}_B \dot{Y}_2 + \dot{E}_C \dot{Y}_3}{Y_1 + Y_2 + Y_3} \tag{1-21}$$

正常运行时，$Y_1 = Y_2 = Y_3 = Y$，所以

$$\dot{U}_0 = \frac{\dot{E}_A \dot{Y}_1 + \dot{E}_B \dot{Y}_2 + \dot{E}_C \dot{Y}_3}{3Y} \qquad (\dot{E}_A + \dot{E}_B + \dot{E}_C = 0) \tag{1-22}$$

各相对地导纳容性(电压互感器励磁电感与 C_0 并联值)，即流过 C_0 的电容电流大于流过 L 的电感电流。

由于扰动的结果使电压互感器上某些相的对地电压瞬时升高，假定 B 相和 C 相的对地电压瞬时升高，由于电感的饱和使 L_2 和 L_3 减小，使流过 L_2 和 L_3 的电感电流增大，这样就有可能使得 B 相和 C 相的对地导纳变成电感性，即 Y_2、Y_3 为感性导纳，而 Y_1 为容性导纳，容性导纳与感性导纳的抵消作用使 $Y_1 + Y_2 + Y_3$ 显著减小，导纳中性点位移电压大大增加。若参数配合不当使 $Y_1 + Y_2 + Y_3 = 0$，就会发生串联谐振，使中性点位移电压急剧上升。

中性点位移电压升高后，三相导线的对地电压等于各相电源电势与中性点位移电压的向量和。如图 1-14 所示，向量叠加的结果使 B 相和 C 相的对地电压升高，而 A 相的对地电压降低。这种结果与系统出现单相接地(如 A 相接地)时出现的结果是相似的，但实际上并不存在单相接地，所以此时所出现的这种现象称为虚幻接地现象。显然，中性点位移电压越高，出现相对低的过电压也越高。

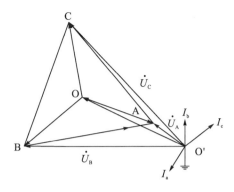

图 1-14　中性点位移时的三相电压向量图

我国长期以来的试验研究和实测结果表明，由电磁式电压互感器饱和所引起的基波和高次谐波谐振过电压很少超过 3p.u.［标幺值（per unit）］，因此除非存在弱绝缘设备，一般是不危险的，但其经常会引起电压互感器喷油冒烟、高压熔断器熔断等异常现象及引起接地指示的误动作（虚幻接地）。对于分次谐波过电压来说，由于受到电压互感器铁芯严重饱和限制，过电压一般不超过 2p.u.，但励磁电流急剧增加，会引起高压熔断器的频繁熔断，甚至造成电压互感器的烧毁[15]。

1.4.2　配电变压器铁磁谐振

电力系统中铁磁谐振的另一种类型是由于断线引起的配电变压器和线路电容的铁磁谐振。断线泛指线路故障断线、断路器的不同期切合和熔断器的不同期熔断。断线引起的谐振过电压统称为断线谐振过电压[16]。只要电源侧和受电侧中任一侧中性点不接地，在断线时都可能出现谐振过电压，导致避雷器爆炸、负载变压器相序反倾和电气设备绝缘闪络等现象。

断线过电压最常遇到的是三相对称电源供给不对称三相负载。下面以中性点不接地系统线路末端接空载（或轻载）配电变压器，变压器中性点不接地，其中以单相（如 A 相）导线断线为例分析断线过电压的产生过程。如图 1-15 所示，忽略电源内阻抗及线路阻抗（相比于线路电容来讲数值很小），L 为空载（或轻载）配电变压器每相励磁电感，C_0 为每相导线对地电容，C_{12} 为导线相间电容，l 为线路长度，变压器接在线路末端。若在离电源 $xl(x<1)$ 处发生单相导线（A 相）断线，断线处两侧 A 相导线的对地电容分别为 $C_0' = xC_0$ 与 $C_0'' = (1-x)C_0$。断线处变压器侧 A 相导线的相间电容为 $C_{12}'' = (1-x)C_{12}$。设线路的正序电容与零序电容的比值为

$$\delta = \frac{C_0 + 3C_{12}}{C_0} \tag{1-23}$$

一般 δ 取 $1.5 \sim 2.0$，由式(1-23)可得

$$C_{12} = \frac{1}{3}(\delta - 1)C_0 \tag{1-24}$$

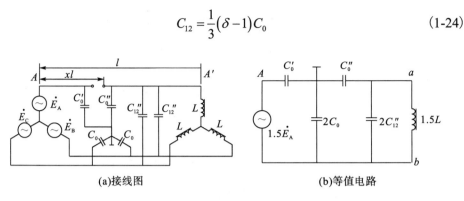

(a)接线图　　　　　　　　　　　　　　(b)等值电路

图 1-15　断线系统接线图

由于电源三相对称，且当 A 相断线后，B、C 相在电路上完全对称，因而可以简化成图 1-15(b)所示的单相等值电路。对此等值电路，还可应用有源网络戴维南定理进一步简化为串联谐振电路，电路中的等值电势 E 就是图 1-15(b)中 a、b 两点间的开路电压，等值电容 C 就是图 1-15(b)中 a、b 两点间的入口电容[17]。通过计算可得

$$C = \frac{C_0}{3}\left[(x + 2\delta)(1 - x)\right] \tag{1-25}$$

$$\dot{E} = 1.5\dot{E}_A \frac{1}{1 + \dfrac{2\delta}{x}} \tag{1-26}$$

随着断线(非全向运行)的具体情况不同，各自具有相应的等值单相接线图和等值串联谐振回路。表 1-1 中集中了有代表性的断线故障电路及简化后的等值电势 E 和等值电容 C 的表达式。

表 1-1　有代表性的断线故障电路及简化后的等值电势 E 和等值电容 C

序号	断线故障电路接线图	等值电路	串联等值电路参数	
			E	C
1			$\dfrac{1.5\dot{E}_A}{1 + \dfrac{2\delta}{x}}$	$\dfrac{(x + 2\delta)(1 - x)}{3}C_0$
2			$\dfrac{4.5\dot{E}_A}{1 + 2\delta}$	$\dfrac{(1 + 2\delta)(1 - x)}{3}C_0$

续表

序号	断线故障电路接线图	等值电路	串联等值电路参数	
			E	C
3		C_0''；$1.5\dot{E}_A$；$1.5L$；$2C_{12}''+2C_0''$	$\dfrac{4.5\dot{E}_A}{4+5x+2\delta(1-x)}$	$\dfrac{4+5x+2\delta(1-x)}{3}C_0$
4		$2C_0$；$2C_0''$；C_0；$1.5L$；C_{12}''；$1.5\dot{E}_A$	$\dfrac{1.5\dot{E}_A}{1+\dfrac{\delta}{2x}}$	$\dfrac{2(2x+\delta)(1-x)}{3}C_0$
5		C_0''；$1.5L$；$2C_{12}''$；$1.5\dot{E}_A$	$\dfrac{1.5\dot{E}_A}{1+2\delta}$	$\dfrac{(1+2\delta)(1-x)}{3}C_0$
6		$2C_0''$；$1.5L$；$2C_{12}''$；$0.5\dot{E}_A$	$\dfrac{1.5\dot{E}_A}{1+\dfrac{\delta}{2}}$	$\dfrac{2(2+\delta)(1-x)}{3}C_0$

从表 1-1 中可以看到，以上几种断线故障电路中，在第三种情况（即中性点不接地系统）中，单相断线且负载侧导线接地时，等效电容 C 的数值较大，尤其在 $x=1$ 时，即当断线故障发生在负载侧时，电容 C 最大达 $C_{max}=3C_0$，因此不发生由于断线故障引起基波铁磁谐振过电压的条件为

$$3\omega C_0 \leqslant \frac{1}{1.5\omega L_0}\quad(L_0\text{ 为变压器不饱和时的励磁电感})\tag{1-27}$$

若变压器的励磁阻抗 $X_m=\omega L_0$，则上述情况下不发生断线故障引起基波铁磁谐振过电压的条件改写成

$$C_0 \leqslant \frac{1}{4.5X_m\omega}\tag{1-28}$$

而 X_m 可根据变压器的额定电压 $U_N(\text{kV})$、额定容量 $P_N(\text{kVA})$、空载电流 $I_0(\text{A})$ 由公式 $X_m=\dfrac{U_N^2}{I_0P_N}$ 进一步算出不发生基波铁磁谐振的线路长度。

为限制短线过电压可采取以下措施。

(1)保证断路器的三相同期动作；避免发生拒动；不采用熔断器。

(2)加强线路的巡视和检修，预防发生断线。

(3)若断路器操作后有异常现象，可立即复原，并进行检查。

在中性点接地电网中，操作中性点不接地的负载变压器时，应将变压器中性点临时接地。此时负载变压器未合闸相的电位被三角形连接的低压绕组感应出来的恒定电压所固定，不会引起谐振[18]。

1.5 铁磁谐振的危害及案例

随着配电网的不断发展，越来越多的分布式电源的接入及冲击性负荷的影响，对配电网抵御突发性的故障，避免大规模事故的发生提出了更高的要求，铁磁谐振在交流配电系统中是普遍存在、频繁发生的现象，是一个长期困扰电力部门的难题[19]。目前国内外大量的事故数据表明，现有的各种铁磁谐振分析方法及防护技术还存在着不足，电力工程技术人员对铁磁谐振及防护技术的理解还存在较多分歧。因此，铁磁谐振仍然是威胁配电网安全运行的重要原因之一。

1.5.1 铁磁谐振的危害

铁磁谐振产生的原因在于铁磁元件的非线性特性，当铁磁元件的电感与系统中的电容参数匹配时，配电系统受到外部或内部的冲击扰动就可能诱发铁磁谐振。因此，铁磁谐振首先影响铁磁元件本身，如电磁式电压互感器或变压器(主要为配电变压器或站用变压器)、保护铁磁元件的高压熔断器；与一般的操作过电压相比，铁磁谐振过电压持续时间较长，甚至可以稳定存在，直到谐振条件受到破坏为止。长时间的过电压会破坏电气设备的绝缘或引起避雷器的爆炸；较高的谐波分量还会对系统造成谐波污染，严重影响电力系统的安全运行[20]。铁磁谐振的主要危害有如下几个方面。

(1)会使那些参与铁磁谐振的带铁芯电气设备的铁芯迅速饱和，绕组中的励磁电流迅猛增长。严重时可达额定励磁电流的百倍以上，从而引起电压互感器、变压器喷油、绕组烧毁甚至爆炸，以及保护铁磁元件的熔断器熔断。

(2)在某些谐振情况下，铁磁谐振过电压可能会很高(最大为相电压的 3～5 倍)，会使电气设备的绝缘击穿而导致设备损毁。

(3)在某些谐振情况下，会出现电压一相降低、两相升高的"虚假"接地现象，而电网中并无接地点，从而使运行值班人员造成错觉，形成误判。

(4)铁磁谐振过电压，会引起有污秽的电气设备(如电压互感器、电流互感器、避雷器、绝缘子等)的瓷裙表面闪络而爆炸，甚至会形成短路。

(5)铁磁谐振产生的高次谐波，将影响部分对电能质量要求较高的自动化和智能化设备的正常工作[21]。

近年来，国内 66kV 及以下中性点不接地系统，因铁磁谐振引发的设备损坏及电网事故问题频发。以云南电网为例，据不完全统计，2014—2017 年因铁磁谐振过电压、过电流损坏电磁式电压互感器 192 组、熔断器近 2000 支，引起母线和线路绝缘故障 3 起。

大量事故数据表明，铁磁谐振有其自身的复杂性，现有的各种铁磁谐振分析方法及抑制措施还存在着不足。TV 励磁电感饱和引起的铁磁谐振过电压仍然是威胁配电网安全运行的重要因素之一。

1.5.2　分频谐振案例

云南玉溪 110kV JC 变 35kV 母线分频铁磁谐振多次造成互感器爆损

2011 年 8 月 5 日，云南 110kV JC 变 35kV Ⅱ 段母线 TV A、B 相爆损、A 相损坏严重，线圈外露，TV 熔断器 A、B 相烧毁成碎片并掉落到 TV 柜内，C 相上端烧断，TV 柜变形严重，柜门被气浪冲开。

查看该站故障录波数据，发现 2011 年 8 月 5 日 14 时 9 分，35kV Ⅱ 段母线发生分频铁磁谐振，波形如图 1-16 所示。

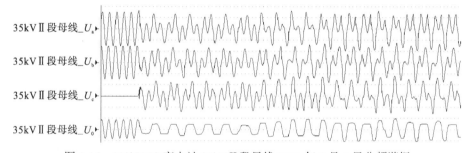

图 1-16　110kV JC 变电站 35kV Ⅱ 段母线 2011 年 8 月 5 日分频谐振

故障发生后，该站更换了互感器组，并安装一次消谐器以防止铁磁谐振发生，但未能彻底解决该站的铁磁谐振问题。

2014 年 3 月 23 日 18 时 31 分 5 秒，该站 35kV Ⅱ 段母线 TV 后台机发出"35kV Ⅱ 段母线计量、测量电压消失"信号，经现场检查 35kV Ⅱ 段母线电压互感器 B、C 相故障损坏，三相高压熔断器熔断。

查看该站后台机事件记录，2014 年 3 月 23 日 18 时 1 分 58 秒开始 35kV Ⅱ 段母线两条线路先后发生两次单相接地。

查看该站故障录波数据，发现线路单相接地恢复后，35kV Ⅱ 段母线发生了分频铁磁谐振，造成 A、B、C 三相 PT 保险熔断，A 相 PT 一次绕组 N 端对二次绕组 1a 端击穿，B 相 PT 本体黑色胶质溢出，C 相 PT 爆裂，B、C 相支柱绝缘子有烧伤痕迹，如图 1-17 和图 1-18 所示。

(a) A相 PT 一次绕组 N 端对二次绕组1a 端击穿　　　　　(b) B相 PT 烧损

(c) C 相 PT 烧损　　　　　　　　　　　(d) 支柱绝缘子烧损

图 1-17　互感器烧损照片

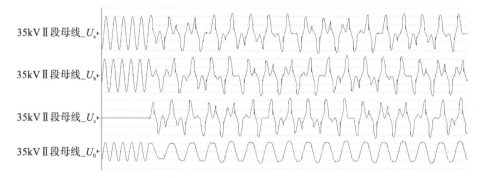

图 1-18　110kV JC 变电站 35kV Ⅱ 段母线 2014 年 3 月 23 日分频谐振

　　持续的铁磁谐振表明互感器一次绕组铁芯长时间处于饱和状态，就会使一次绕组励磁电抗下降，一次绕组电流增大。在持续的过电流作用下，铁芯、线圈严重发热，最终引发互感器爆损故障。

此外，该站在安装了一次消谐器后，仍发生了铁磁谐振，可见一次消谐器不能完全消除铁磁谐振。由于该消谐器的存在，谐振发生时，互感器一次绕组电抗下降,消谐器端电压过高,引起了互感器一次绕组 N 端对二次绕组 1a 端绝缘击穿。

1.5.3 工频谐振案例

1. 云南临沧 110kV MW 变电站工频铁磁谐振互感器烧毁

2015 年 8 月 24 日，工作人员对 110kV MW 变电站 10kV 母线进行电容电流测试。因测试采用信号注入法测量电容电流，将互感器一次消谐器短接。互感器复电后，发生工频铁磁谐振，经过 5 分 6 秒 B 相 TV 烧毁。

其实，该站正在进行铁磁谐振问题的专项整治，在 10kV 母线 TV 安装了波形记录仪，记录了谐振时的互感器一次绕组电流。波形记录仪显示，17 时 28 分 19 秒，互感器隔离小车至运行位置后，10kV 系统发生了基频铁磁谐振。至 17 时 33 分 35 秒，10kV 母线 B 相 TV 烧毁。10kV 母线电压及 PT 一次绕组电流波形如图 1-19 所示。

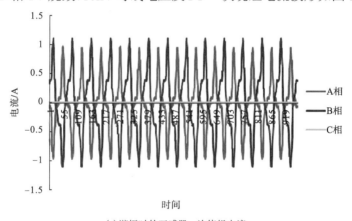

(a)谐振时的互感器一次绕组电流

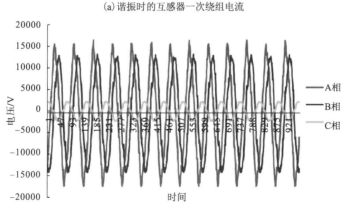

(b)工频谐振三相电压波形

图 1-19 110kV MW 变电站 10kV 系统工频谐振波形

2. 云南怒江 110kV ZX 变电站铁磁谐振引起主变跳闸

2017 年 4 月 28 日 13 时 7 分 32 秒,云南怒江 110kV ZX 变电站 001 断路器(1#主变 10kV Ⅰ 段母线短路),101 断路器(1#主变 110kV 进线断路器),笔者参与了本次故障的原因分析,最终确定本次故障的起因为 35kV Ⅰ 段母线发生铁磁谐振。由于铁磁谐振持续发生,引起设备故障范围不断扩大,最终导致 1#主变跳闸。

本次故障造成 35kV 母线 A 相、B 相 TV 烧毁,熔断器熔断,1#主变跳闸。

经分析,本次故障可分为以下 4 个阶段。

第一阶段:35kV Ⅰ 段母线分频谐振。

因切除 35kV Ⅰ 段母线空载线路线时产生操作过电压,引起 35kV Ⅰ 段母线铁磁谐振。2017 年 4 月 28 日 12 时 25 分 2 秒开始 35kV Ⅰ 段母线发生 1/2 分频谐振;分频谐振持续到 13 时 4 分 50 秒,如图 1-20(a)、(b)所示。因 A 相 PT 一次绕组匝绝缘破坏产生的扰动,分频谐振消失持续时间为 39 分 48 秒。

第二阶段:A 相一次绕组匝绝缘逐渐恶化。

如图 1-20(c)、(d)所示,A 相 PT 绝缘故障逐渐恶化,导致一、二次绕组短路接地后 A 相电压输出逐级降低接近于零。A 相熔断器一直没有熔断,B、C 相电压为线电压。

第三阶段:工频谐振。

A 相熔断器出现熔断的断口,但并没有将 A 相 PT 从电网中隔离,熔断器内电弧持续复燃,13 时 7 分 31 秒 B、C 相 PT 饱和产生工频谐振,如图 1-20(e)所示。

第四阶段:B、A 相 PT 损坏。

13 时 7 分 32.788 秒 B 相 PT 爆炸,13 时 7 分 32.805 秒 A 相 PT 爆炸,引起 A、B 相断路后发展为三相短路,跳开 101 断路器和 001 断路器。

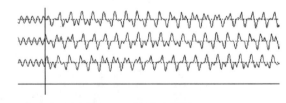

(a)2017 年 4 月 28 日 12 时 25 分 2 秒开始 35kV Ⅰ 段母线分频谐振

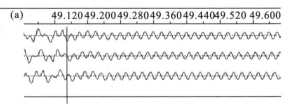

(b)2017 年 4 月 28 日 13 时 4 分 50 秒 35kV Ⅰ 段母线分频谐振结束

图 1-20   110kV ZX 变电站铁磁谐振

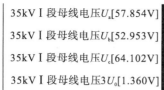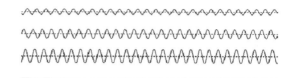

35kV I 段母线电压U_a[57.854V]
35kV I 段母线电压U_b[52.953V]
35kV I 段母线电压U_c[64.102V]
35kV I 段母线电压$3U_0$[1.360V]

(c)A 相 PT 一次绕组绝缘不断恶化 1

35kV I 段母线电压U_a[−0.510V]
35kV I 段母线电压U_b[−98.083V]
35kV I 段母线电压U_c[−141.593V]
35kV I 段母线电压$3U_0$[4.356V]

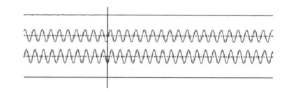

(d)A 相 PT 一次绕组绝缘不断恶化 2

35kV I 段母线电压U_a[3.284V]
35kV I 段母线电压U_b[66.226V]
35kV I 段母线电压U_c[−21.740V]
35kV I 段母线电压$3U_0$[3.847V]

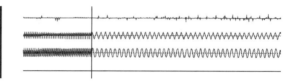

(e)2017 年 4 月 28 日 13 时 7 分 31 秒工频谐振

图 1-20　110kV ZX 变电站铁磁谐振(续)

　　从这些铁磁谐振故障案例可以看出铁磁谐振的危害很大，仅以互感器铁磁谐振来看，轻则造成熔断器熔断、互感器烧毁，严重的还可能造成主变跳闸。

　　铁磁谐振作为一个电力系统中的"老问题"，大量专家学者、研究机构和制造厂家做了很多的相关研究，开发了多种多样的防护设备，但铁磁谐振问题一直没有得到彻底解决，配电网铁磁谐振仍在不断发生。

第 2 章　配电网铁磁谐振发生条件及影响因素

2.1　配电网铁磁谐振发生条件

配电系统铁磁谐振产生的必要条件如下。

（1）系统参数应在谐振区域内。分频、工频和高频谐振有不同的谐振范围，分别对应不同的线路对地电容参数与电压互感器的电感参数或配电变压器的电感参数，只有线路对地电容和电压互感器电感参数在相应的谐振区域内，铁磁谐振才会发生。

（2）系统中有对地不平衡能量交换。当系统有接地、断线和雷电等冲击扰动时，系统中的铁磁元件饱和（如电压互感器、配电变压器等），饱和电感与线路电容之间有不平衡能量的交换，此时冲击扰动消失或恢复，如相互交换的能量足以继续维持，则稳定的铁磁谐振被激发[22]。

2.1.1　铁磁谐振区域

针对铁磁谐振的谐振区域，国内外专家学者对其进行了各种仿真计算和模拟试验研究，并给出了各自的试验研究结果。

1. Shott HS 和 Peterson HA 研究的铁磁谐振区域

Shott HS 和 Peterson HA 曾进行了专门的模拟实验，研究了各种铁磁谐振的条件，依据典型 PT 励磁特性给出了谐振区域，如图 2-1 所示。其中，$X_{C_0} = 1/\omega C_0$ 为系统单相对地容抗；X_m 为电压互感器的单相绕组在额定线电压下的励磁电抗；1、2、3 分别为 1/2 次分频谐振、基频谐振和 3 次高频谐振的区域[23]。

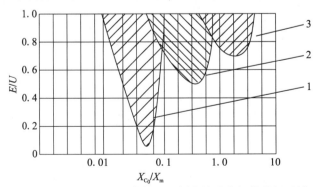

图 2-1　Peterson HA 研究的不同频率铁磁谐振的谐振区域

从图 2-1 中可以看出，随着 X_{C_0}/X_m 比值的增大，系统分别处于 1/2 次谐波、基波和 3 次谐波谐振区域，不同频率谐振区的最低临界激发电压逐渐增大，1/2 次铁磁谐振所需要的激发电压最低，高次谐波谐振最高，即在实际运行条件下，只要满足一定的参数条件，分频谐振现象容易发生。

Peterson HA 研究后认为 X_{C_0}/X_m 的值对谐振频率起到了关键作用，各区域划分如下。

（1）X_{C_0}/X_m 在 0.01～0.07 时，发生分频谐振。

（2）X_{C_0}/X_m 在 0.07～0.55 时，发生基频谐振。

（3）X_{C_0}/X_m 在 0.55～2.8 时，发生高频谐振。

（4）X_{C_0}/X_m <0.01 或 X_{C_0}/X_m >2.8 时不发生铁磁谐振。

Peterson HA 得出的铁磁谐振区域是在变化的工作电压下仅考虑典型铁磁元件感抗与不同容抗之间的谐振关系，采用 X_{C_0}/X_m 的比值表征能否发生铁磁谐振。因未考虑互感器阻尼，所以该区域是基本的谐振区间。

2. 西安交通大学研究的谐振区域

西安交通大学用大连第一互感器厂提供的 JDZX18-10、JDZX9-10G 及 JDZX9-35Q 电压互感器的 V-A 特性采用 EMTP 电磁暂态软件进行了仿真计算，其谐振范围如下。

（1）X_{C_0}/X_m 在 0.00159～0.0133 时，发生分频谐振。

（2）X_{C_0}/X_m 在 0.00159～0.312 时，发生基频谐振。

（3）X_{C_0}/X_m 在 0.133～26.7 时，发生高频谐振。

谐振区域与 Peterson HA 模拟试验曲线有较大差别，可能的原因是未考虑电压互感器的空载损耗和短路损耗，以及电压互感器励磁特性不一致所致。

仿真计算表明，从分频谐振到高频谐振，X_{C_0}/X_m 越高，激发谐振所需的电源电压就会越来越高，谐振过电压幅值也会越来越高。

3. 云南电科院研究的谐振区域

不少文献指出，依据实际应用数据进行试验和仿真计算，发现虽然 X_{C_0}/X_m 在不会产生谐振的区间内，但系统依然会发生铁磁谐振[24]。针对此情况，云南电科院联合西安交通大学、河北旭辉电气股份有限责任公司搭建了 10kV/35kV 铁磁谐振试验系统，采用不同励磁特性、不同容量的电压互感器，进行了大量的铁磁谐振试验及 PSCAD 仿真计算研究，研究发现电压互感器自身的损耗和励磁特性对铁磁谐振的发生和持续时间影响较大。相同的电磁式电压互感器饱和拐点电压、不同的电压互感器损耗，其铁磁谐振区间有较大差别。电压互感器一次绕组直流电阻越大，谐振区域越小；直流电阻越小，谐振区域越大。

考虑电压互感器自身阻尼的影响，采用 X_{C_0}/X_m 得出的铁磁谐振区域很难用于指导设计及防护，云南电科院采用满足现有标准要求的励磁特性饱和拐点电压大于或等于 $1.9U_{\varphi}(U_{\varphi}$ 为额定相对地电压）的电压互感器，在 10kV 电压互感器一次绕组直流电阻为 300Ω、35kV 电压互感器直流电阻为 8000Ω 的情况下，试验和仿真计算得到了采用电容电流表征铁磁谐振区域的电容电流区间，如表 2-1 所示。

表 2-1　铁磁谐振电容电流区间

电压等级	一绕组直流电阻 R_{A_u}	饱和拐点电压	铁磁谐振电容电流区间
10kV	0.3～2.6 kΩ	≥$1.9U_{\varphi}$	0～20A
35kV	8～20 kΩ	≥$1.9U_{\varphi}$	0～10A

2.1.2　系统中不平衡能量

当输电线路容抗和电压互感器比值满足谐振区域要求后，系统中还必须有相对地不平衡能量的交换，才能引发铁磁谐振，两个条件缺一不可。

电力系统中，引起三相能量不平衡的因素很多，主要有两类：一类是三相线路参数平衡的线路遭受外部能量的冲击引起的能量不平衡，如雷击、冲击负荷和传递过电压；另一类是三相线路参数不平衡引起的能量不平衡，如单相接地、线路非同期合闸、线路断相和 PT 断线等[25]。

对于三相线路参数平衡的线路，当遭受雷击等外部能量冲击时，会引起某一相电压过高，超过电压互感器的拐点电压，使电压互感器铁磁严重饱和，引起严重铁磁谐振。而三相不平衡线路，如单相接地会使得系统非接地相对地电压由相电压升高至线电压。当接地故障恢复时，线路参数的突变，由不平衡状态变为平衡状态，原不平衡的三相电压会发生相间的能量交换，其暂态过电压幅值可超过线电压，引起电压互感器铁芯严重饱和，从而引发铁磁谐振。

2.2　铁磁谐振的影响因素

2.2.1　电容电流

电容电流是指无消弧线圈补偿的中性点不接地系统发生单相金属性接地时的容性电流 I_c。电容电流的大小主要与线路长度、导线截面积、导线绝缘介质、导线离地高度、额定电压等有关，而与系统负荷的性质和大小无关。

　　配电系统瞬时性单相接地是最常见的故障，其电容电流的大小将直接影响弧光接地过电压大小、接地故障发展成相间故障的概率及是否会引发铁磁谐振等。因此，配电系统的电容电流测量是很有必要的。一方面，在选择配电网系统的中性点接地方式时，首先应考虑系统的电容电流；另一方面，配电网对地电容（决定了电容电流大小）和电压互感器的参数在铁磁谐振区域内匹配时，系统易发生铁磁谐振[26]。

　　常用的电容电流测量方法可分为直接测量法和间接测量法。直接测量法是在系统线路末端人为制造单相金属性接地，并在接地点直接测量电容电流的方法，由于该方法实施时危险性较大，目前已很少采用。直接测量法的测量准确度相对间接测量法高，在现场实际测量更具可信度，但该方法也具有一定的风险。如果在单相人工金属性接地电流测量期间，系统的非测试相发生单相接地故障，就会使该不接地系统形成两相接地短路。由于该方法实施复杂、危险性较大，一般很少采用。间接测量法根据测量时的电流频率可分为工频法和异频法，在实际测量时，应根据被测系统和网络的情况和特点选择合适的方法进行。影响间接测量法测量准确度的因素较多，如电容电流大小、三相不对称度、中性点初始位移电压的大小、接入元件或注入信号的参数等。不同的间接测量法、不同的被测系统测试结果，其影响程度也不同[27]。下面对中性点外加电容法、中性点开短路法、偏置电容法、信号注入法做简单介绍，以便查阅时使用。

1. 电容电流测试方法

1）中性点外加电容法

中性点外加电容法测量电容电流接线图如图 2-2 所示。

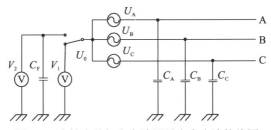

图 2-2　中性点外加电容法测量电容电流接线图

　　在中性点接入外加电容 C_F，根据基尔霍夫第一定律，得到

$$\left(\dot{U}_A + \dot{U}_{02}\right)j\omega C_A + \left(\dot{U}_B + \dot{U}_{02}\right)j\omega C_B + \left(\dot{U}_C + \dot{U}_{02}\right)j\omega C_C + \dot{U}_{02}j\omega C_F = 0 \qquad (2\text{-}1)$$

于是

$$\dot{U}_{02} = -\frac{\dot{U}_A C_A + \dot{U}_B C_B + \dot{U}_C C_C}{C_A + C_B + C_C + C_F} \qquad (2\text{-}2)$$

在没有 C_F，即 $C_F=0$ 时，得到

$$\dot{U}_{01} = -\frac{\dot{U}_A C_A + \dot{U}_B C_B + \dot{U}_C C_C}{C_A + C_B + C_C} \tag{2-3}$$

两式相除得到

$$\frac{\dot{U}_{02}}{\dot{U}_{01}} = \frac{C_A + C_B + C_C}{C_A + C_B + C_C + C_F} \tag{2-4}$$

因中性点对地电容为

$$C_0 = C_A + C_B + C_C = \frac{C_F U_{02}}{U_{01} - U_{02}} \tag{2-5}$$

进而计算得到系统电容电流为

$$I_C = \omega C_0 U_\varphi \tag{2-6}$$

可见，在 C_F 接入系统中性点前后分别测量中性点的电压，根据式(2-5)和式(2-6)即可计算出系统的电容电流。

采用中性点外加电容法测量电容电流有以下几点注意事项。

(1)中性点外加电容法测量电容电流必须视为高压带电操作，执行过程应按相关安全作业规定进行。

(2)中性点可以是系统变压器中性点或补偿电容器组的中性点。

(3)外加电容的额定电压至少应等于系统的相电压，其推荐值为系统标称电压。

(4)当 C_F 和系统对地电容 C_0 近似相等时，中性点外加电容法的测量精度最高，单次测量完成后，必须对 C_F 放电。

2)中性点开短路法

中性点开短路法测量电容电流接线图如图 2-3 所示。

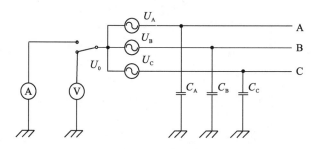

图 2-3　中性点开短路法测量电容电流接线图

根据式(2-5)和式(2-6)，在式(2-5)两边同乘以 ωU_φ，得到

$$I_C = \omega C_0 U_\varphi = \omega C_F U_{02} \frac{U_\varphi}{U_{01} - U_{02}} \tag{2-7}$$

在式 (2-7) 中，$\omega C_{\mathrm{F}} U_{02}$ 为中性点外加电容 C_{F} 时，流过该电容的电流 I_{OC}。当 $C_{\mathrm{F}} \rightarrow \infty$，$U_{02} \rightarrow 0$，$\omega C_{\mathrm{F}} U_{02}$ 趋向于中性点短路后的电流值 I_{OD}，因此式 (2-7) 变为

$$I_{\mathrm{C}} = \omega C_{\mathrm{F}} U_{02} \frac{U_{\varphi}}{U_{01} - U_{02}} = I_{\mathrm{OD}} \frac{U_{\varphi}}{U_{01}} \tag{2-8}$$

可见，只要得到中性点开路电压和中性点(对地)短路电流，即可得到系统的对地电容电流。

3) 偏置电容法

偏置电容法测量电容电流接线图如图 2-4 所示。

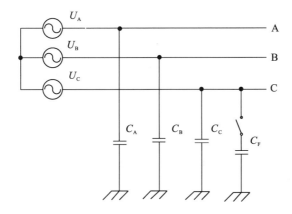

图 2-4　偏置电容法测量电容电流接线图

系统单相对地电容相等，即 $C_0 = C_{\mathrm{A}} = C_{\mathrm{B}} = C_{\mathrm{C}}$ 时，各相对地电压也对称，则在某相(C 相)接入外加对地的偏置电容 C_{F} 后，根据节点电压方程，得到

$$U_0' = \frac{U_{\mathrm{A}} Y_{\mathrm{A}} + U_{\mathrm{B}} Y_{\mathrm{B}} + U_{\mathrm{C}} Y_{\mathrm{C}}}{Y_{\mathrm{A}} + Y_{\mathrm{B}} + Y_{\mathrm{C}}} = \frac{U_{\mathrm{A}} C_0 + U_{\mathrm{B}} C_0 + U_{\mathrm{C}} (C_0 + C_{\mathrm{F}})}{3 C_0 + C_{\mathrm{F}}} \tag{2-9}$$

由于 $U_{\mathrm{A}} C_0 + U_{\mathrm{B}} C_0 + U_{\mathrm{C}} C_0 = 0$，上式变为

$$U_0' = \frac{U_{\mathrm{C}} C_{\mathrm{F}}}{3 C_0 + C_{\mathrm{F}}} \tag{2-10}$$

由于 $U_{\mathrm{C}} = U_{\varphi}$，接入 C_{F} 后的 C 相电压

$$U_{\mathrm{C}}' = U_{\mathrm{C}} - U_0' = U_{\mathrm{C}} - \frac{U_{\mathrm{C}} C_{\mathrm{F}}}{3 C_0 + C_{\mathrm{F}}} \tag{2-11}$$

变换上式可得

$$3 C_0 = \frac{U_{\mathrm{C}}' C_{\mathrm{F}}}{U_{\mathrm{C}} - U_{\mathrm{C}}'} \tag{2-12}$$

根据式 (2-12) 可知，在接入 C_{F} 前后分别测量单相电压，即可计算出系统的对

地电容，进而可得到系统的电容电流。

偏置电容法测量电容电流有以下两点注意事项。

(1)偏置电容法测量电容电流为高压带电操作，执行过程应按相关安全作业规定进行。

(2)所使用的偏置电容额定电压应为系统额定电压。

4)信号注入法

信号注入法是在系统母线 PT 二次侧开口三角或其他零序回路接口注入异频信号，通过一定的算法计算得到系统的电容电流，其测量接线图如图2-5 所示。可用一异频幅值电流相角法，也可用两异频等幅电流相角法、三异频等幅电流阻抗法、一异频幅值电流"电压-电容"法来获取电网的电容值及相应的电容电流。下面介绍一种三异频等幅电流阻抗法测量电容电流的方法。

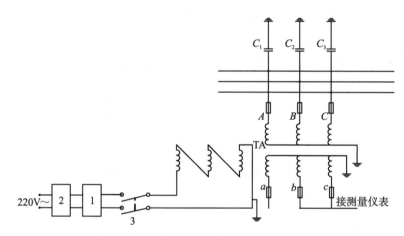

图 2-5   异频信号注入法测量电容电流接线图

1—工频滤波器；2—异频电源发生器；3—开关

从 PT 开口三角注入的异频电流信号只能在零序回路中流动，通过 3 次注入不同信号频率的电流信号，并测量开口三角处的异频电压，即可根据式(2-13)和式(2-14)计算得到系统电容电流。

$$C = \frac{3 \times 10^6}{K^2} \times \sqrt{\frac{\left(\dfrac{\omega_2^2 - \omega_3^2}{\omega_1^2}\right) + \left(\dfrac{\omega_3^2 - \omega_1^2}{\omega_2^2}\right) + \left(\dfrac{\omega_1^2 - \omega_2^2}{\omega_3^2}\right)}{Z_1^2\left(\omega_2^2 - \omega_3^2\right) + Z_2^2\left(\omega_3^2 - \omega_1^2\right) + Z_3^2\left(\omega_1^2 - \omega_2^2\right)}} \tag{2-13}$$

$$I_C = \frac{942 \times 10^6}{K^2} U_\Phi \times \sqrt{\frac{\left(\dfrac{\omega_2^2 - \omega_3^2}{\omega_1^2}\right) + \left(\dfrac{\omega_3^2 - \omega_1^2}{\omega_2^2}\right) + \left(\dfrac{\omega_1^2 - \omega_2^2}{\omega_3^2}\right)}{Z_1^2\left(\omega_2^2 - \omega_3^2\right) + Z_2^2\left(\omega_3^2 - \omega_1^2\right) + Z_3^2\left(\omega_1^2 - \omega_2^2\right)}} \tag{2-14}$$

式中，C——系统对地电容(μF)；

　　　I_C——系统电容电流(A)；

　　　U_Φ——电网额定电压(kV)；

　　　K——PT 的变化，一般为 $\left(\dfrac{U_\Phi}{\sqrt{3}}\middle/300\right)$；

　　　ω_1、ω_2、ω_3——异频电源角频率，$\omega_1=2\pi f_1$，$\omega_2=2\pi f_2$，$\omega_3=2\pi f_3$；

　　　Z_1、Z_2、Z_3——根据开口三角实测电压测出来的阻抗值，$Z_1=U_1/(3I_0)$、$Z_2=U_2/(3I_0)$、$Z_3=U_3/(3I_0)$。

　　相对于其他测量方法，使用信号注入法的测量装置一般只涉及二次操作，实施风险较低。

2. 电容电流与设备故障情况统计

　　LC 地区多个变电站互感器熔断器频繁熔断，情况严重的甚至每个月都有熔断器熔断，个别变电站电压互感器也有烧毁情况，给运行维护人员造成了极大的负担，同时影响系统的安全稳定运行。LC 地区 10kV/35kV 配电网以架空线为主，为了解 LC 地区电容电流与设备故障情况是否有联系,笔者对 LC 地区几乎全部的10kV 系统及 35kV 系统进行了电容电流测试。

　　LC 地区 54 个 10kV 配电系统中有 44 个 10kV 系统电容电流小于 10A，5 个系统电容电流大于 30A，剩余 5 个系统电容电流为 10～30A，如图 2-6 所示。

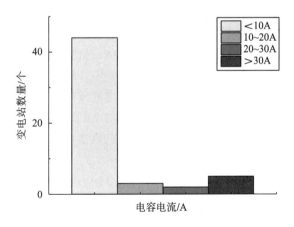

图 2-6　LC 地区 10kV 系统电容电流

　　LC 地区 17 个 35kV 配电系统中有 9 个 10kV 系统电容电流小于 10A，2 个系统电容电流大于 30A，剩余 6 个系统电容电流为 10～30A，如图 2-7 所示。

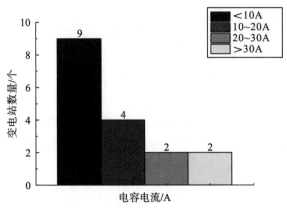

图 2-7　LC 地区 35kV 系统电容电流

据统计 LC 地区 10kV 系统 PT 烧毁情况较为突出，2014—2015 年 10kV 配电系统中，电压互感器烧毁共计 7 次，系统电容电流均小于或等于 10A，烧损情况如下。

（1）35kV BH 变，10kV 配电系统电容电流 3.2A，电压互感器未安装消谐器，烧毁 2 次。

（2）35kV BK 变，10kV 配电系统电容电流 6A，电压互感器安装了碳化硅消谐器，10kV Ⅰ 段电压互感器熔断器熔断 12 次，电压互感器烧毁 2 次。

（3）35kV TH 变，10kV 配电系统电容电流 10A，电压互感器安装了碳化硅消谐器，电压互感器熔断器熔断 3 次，电压互感器烧毁 3 次。

2014—2015 年，LC 地区有 24 个 10kV 配电系统曾发生过电压互感器熔断器熔断情况，其中 19 个配电系统的电容电流小于 10A，占比达 79%。2014—2015 年 35kV 配电系统电压互感器熔断器熔断共计 60 次。其中，较为突出的有以下几种情况。

（1）110kV YK 变 35kV Ⅰ 段母线，电容电流 17A，电压互感器熔断器熔断 20 次。

（2）110kV MD 变 35kV Ⅱ 段母线，电容电流 3.4A，电压互感器熔断器熔断 10 次。

（3）110kV SJ 变 35kV Ⅱ 段母线，电容电流 34A，电压互感器熔断器熔断 2 次。

2.2.2　电压互感器励磁特性

电压互感器的励磁特性也称为伏安特性，是指互感器空载运行时空载电压和空载电流的关系[28]。它是影响铁磁谐振发生的重要因素，在电力系统受到扰动而产生过电压时，励磁特性较差的电压互感器，更容易饱和而引发铁磁谐振。

在电压互感器制造过程中，通常在用励磁特性验证磁通密度是否达到设计要求的同时检验铁芯制造工艺的优劣[29]。

1. 励磁特性测试

电压互感器励磁特性测试接线图如图 2-8 所示。试验时，电压互感器高压侧开路，低压侧通入电压，同时测量低压电压和电流，并绘制成特性曲线。

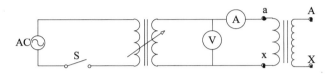

图 2-8　电压互感器励磁特性测试接线图

通常情况下，励磁特性曲线的测试点为额定电压(二次电压)的 20%、50%、80%、100% 和 120%。35kV 及以下中性点非有效接地系统应用的接地电压互感器测试电压应大于额定相电压的 190%，图 2-9 所示为典型的电压互感器 U-I 特性曲线。

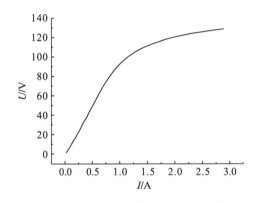

图 2-9　典型电压互感器 U-I 特性曲线

为防止铁磁谐振，配电系统应用于监测相对地电压的电磁式电压互感器的饱和拐点电压应大于额定相电压的 190%，饱和拐点电压通常为电压每增加 10% 时，励磁电流的增加超过 50%。

2. PT 励磁特性的转化

铁磁谐振过电压、过电流电磁暂态仿真计算中，需要用电压互感器磁通和励磁电流的瞬时值，因此有时需将电压互感器的伏安特性参数转化为韦安特性参数[30]。

电磁式电压互感器铁芯磁通满足

$$\varphi(t) = \sqrt{2}U \sin(\omega t) / \omega \qquad (2\text{-}15)$$

图 2-10 所示为电压互感器非线性特性。稳态时刻，磁通幅值为 $\varphi_{\mathrm{m}} = \sqrt{2}U / \omega$，

可看出 φ_m 与电压有效值之间有直接的对应关系，但是 $\varphi(i)$ 的 i 和有效值 I 之间并无直接的对应关系。

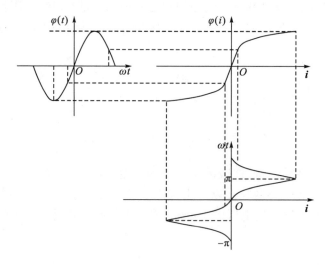

图 2-10　电压互感器非线性特性

U-I 的起点 $(0,0)$ 对应 $\varphi(i)$ 的 $(0,0)$，由 $(U_1,\ I_1)$ 点求 $(\varphi_i,\ i_i)$，可以得出 $\varphi(i)$ 的 $(0,0)$ 点到 $(U_1,\ I_1)$ 的直线方程

$$i(t) = \frac{i_i}{\varphi_i}\varphi(t) \tag{2-16}$$

$$I_1^2 = \frac{2}{\pi}\int_0^{\frac{\pi}{2}} i(\omega t)\mathrm{d}(\omega t) = \frac{2}{\pi}\int_0^{\frac{\pi}{2}} i_1^2(\omega t)\sin_1^2(\omega t)\mathrm{d}(\omega t) \tag{2-17}$$

由式 (2-17) 可以得出

$$i_1 = \sqrt{2}I_1 \tag{2-18}$$

再根据 $(U_1,\ I_1)$ 和 $(\varphi_1,\ i_1)$ 求 $(\varphi_2,\ i_2)$，此时 $u(t)=\sqrt{2}U_2\cos(\omega t)$，$\varphi_2=\sqrt{2}U_2/\omega$。对 i_2 的求取，分别将 $(0,0)$ 和 $(\varphi_1,\ i_1)$ 求 $(\varphi_2,\ i_2)$ 线性化，得到如下方程

$$i_{21} = \frac{i_1}{\varphi_1}\varphi = \frac{i_1}{\varphi_1}\frac{\sqrt{2}U_2}{\omega}\sin(\omega t) \tag{2-19}$$

$$i_{22} = i_1 + \frac{i_2-i_1}{\varphi_2-\varphi_1}(\varphi-\varphi_1) = i_1 - \frac{i_2-i_1}{\varphi_2-\varphi_1}\varphi_1 + \frac{i_2-i_1}{\varphi_2-\varphi_1}\frac{\sqrt{2}U_2}{\omega}\sin(\omega t) \tag{2-20}$$

$$\frac{\pi}{2}I_2^2 = \int_0^{\omega t_1} i_{21}^2(\omega t)\mathrm{d}(\omega t) + \int_{\omega t_1}^{\frac{\pi}{2}} i_{22}^2(\omega t)\mathrm{d}(\omega t) \tag{2-21}$$

由 $\varphi_1=\dfrac{\sqrt{2}U_2}{\omega}\sin(\omega t_1)$，$\dfrac{\sqrt{2}U_1}{\omega}=\dfrac{\sqrt{2}U_2}{\omega}\sin(\omega t_1)$，得

$$\omega t_1 = \arcsin\frac{U_1}{U_2} \tag{2-22}$$

所以，(φ_k, i_k)，(φ_{k+1}, i_{k+1}) 的直线方程为

$$i = i_k - \frac{i_{k+1} - i_k}{\varphi_{k+1} - \varphi_k} \varphi_k + \frac{i_{k+1} - i_k}{\varphi_{k+1} - \varphi_k} \varphi \tag{2-23}$$

$$\varphi_k = \frac{i_k}{\varphi_k} \frac{\sqrt{2}U_{k+1}}{\omega} \sin(\omega t_k) \tag{2-24}$$

利用上式，就可将 PT 的伏安特性转化为韦安特性参数。

2.2.3　并联电压互感器组数

监测配电系统相对地绝缘的电压互感器并联组数的多少也会影响铁磁谐振发展。例如，同一母线上并联多组 PT 时，其等效励磁阻抗会变小，使得系统受到扰动时易达到谐振条件；同时多组并联的电压互感器其励磁特性、一次绕组直流电阻不同，励磁特性不好或一次绕组直流电阻较小的电压互感器易发生持续性铁磁谐振，也可能引起连锁反应造成更大的危害[31]。

2.2.4　阻尼

电磁式电压互感器阻尼的大小关系到铁磁谐振激发后能否稳定维持和谐振过电压幅值的大小。以 PT 高压侧绕组直流电阻为例，通过仿真计算绕组的直流电阻对铁磁谐振的影响，电阻范围为 500~3500Ω。

以 10kV 系统铁磁谐振为例，C 相在 0.2s 时发生单相接地故障，0.3s 时故障消失；仿真计算结果表明：改变 10kV 系统母线 PT 的一次绕组直流电阻时，C 相接地故障能激发稳定的铁磁谐振，铁磁谐振过电压的幅值略有不同，计算结果如表 2-2 所示。其中，U_{max} 为单相接地故障消失后 10kV 母线上三相电压最大相的幅值，U_0 为零序电压幅值。

表 2-2　PT 直流电阻对铁磁谐振幅值的影响计算结果

电压	PT 直流电阻/Ω			
	500	1500	2500	3500
U_{max}/p.u.	13.81	13.32	12.69	12.09
U_0/kV	6.91	6.41	5.82	5.32

从表 2-2 中的仿真计算结果可以看出：C 相发生单相接地时，单相接地消失后 10kV 系统母线上的谐振过电压和零序电压幅值随着 PT 直流电阻的增大而减小，此时流过 PT 高压侧的电流随着 PT 直流电阻的增大而减小。

2.2.5 故障消失时刻

单相接地故障是最容易激发谐振的故障类型。接地期间，故障点流过电容电流，健全相电压升高至线电压，储存了大量的电荷。接地故障消失的瞬间，线路电压在电源的强迫下回归常态，线路上多余的电荷只能通过 TV 的中性点进行释放，导致 PT 饱和，一定条件下就可能激发起谐振。因此，故障消失时刻健全相对地电压瞬时值的大小决定了故障消失后系统能否产生铁磁谐振及铁磁谐振过电压的高低[32]。

实际运行中，系统发生单相接地故障后，接地故障的消失在时间上具有随机性。系统相电压瞬时值随着接地故障消失时刻的不同而存在差异，进而导致产生不同的谐振过电压及过电流峰值。仿真表明，不同故障消失时刻均激发了频率较低的分频铁磁谐振，消失时刻的不同对应的不同谐振过电压峰值，且分频谐振频率基本不随故障消失时刻发生变化[33]。由于接地故障消失时刻不同，母线和中性点电压及 PT 高压侧电流也不太一致，这主要是由于接地故障消失的时刻不同，对应的同一相电源相位角不同，因而消失时刻同一相电源电压值也不同，电压恢复时释放的电荷就不同，对应的 PT 饱和程度也不同。可见单相接地故障消失后产生的谐振过电压及 PT 高压侧电流幅值与接地消失时刻有一定的关系，消失时刻可能对谐振的强弱和性质产生影响。

第3章 铁磁谐振防护技术及选用原则

3.1 铁磁谐振防护技术相关标准介绍

国内最早的铁磁谐振防护技术相关标准为《电力设备过电压保护设计技术规程》(SDJ 7—1979),1997 年 10 月《交流电气装置的过电压保护和绝缘配合》(DL/T 620—1997)的颁布,SDJ 7—1979 即行废止。2014 年 12 月颁布了《交流电气装置的过电压保护和绝缘配合设计规范》(GB/T 50064—2014),DL/T 620—1997 的过电压保护尚未废止。

DL/T 620—1997 的过电压保护和涉及铁磁谐振防护的内容如下。

3～66kV 不接地系统或消弧线圈接地系统偶然脱离消弧线圈的部分,当连接有中性点接地的电磁式电压互感器的空载母线(其上带或不带空载短线路),因合闸充电或在运行时接地故障消除等原因的激发,使电压互感器过饱和则可能产生铁磁谐振过电压。为限制这类过电压,可选取下列措施。

(1)选取励磁特性饱和点较高的电磁式电压互感器。

(2)减少同一系统中电压互感器中性点接地的数量,除电源侧电压互感器高压绕组中性点接地外,其他电压互感器中性点尽可能不接地。

(3)个别情况下,在 10kV 及以下的母线上装设中性点接地的星形接地电容器组,或者用一段电缆代替架空线路以减少 X_{C_0},使 $X_{C_0} < 0.01\,X_m$(X_m 为电压互感器在线电压作用下单相绕组的励磁电抗)。

(4)在互感器的开口三角形绕组装设 $R_\Lambda \leqslant 0.4\,(X_m/K_{13}{}^2)$ 的电阻(K_{13} 为互感器一次绕组与开口三角形绕组的变比)或装设其他专门消除此类铁磁谐振的装置。

(5)10kV 及以下互感器高压绕组中性点经 $R_{\rho\cdot n} \geqslant 0.06\,X_m$(容量大于 600W)的电阻接地。

3～66kV 不接地及消弧线圈接地系统,应采用性能良好的设备并提高运行维护水平,以避免在下述条件下产生铁磁谐振过电压。

(1)配电变压器高压绕组对地短路。

(2)送电线路单相断线且一端接地或不接地。

有消弧线圈的较低电压系统,应适当选择消弧线圈的脱谐度,以避开谐振点;无消弧线圈的较低电压系统,应采取增大其对地电容等措施(如安装电力电容器等),以防止零序电压通过电容,如变压器绕组间或两条架空线路间的电容耦合,由较高电压系统传递到中性点不接地的较低电压系统，或者由较低电压系统传递到较高电压系统，或者回路参数形成串联谐振条件，产生高幅值的转移过电压[34]。

GB/T 50064—2014 的过电流保护和涉及铁磁谐振防护的内容如下。

6～66kV 不接地系统或偶然脱离谐振接地系统的部分，产生的谐振过电压有以下几种。

(1) 中性点接地的电磁式电压互感器过饱和。

(2) 配电变压器高压绕组对地短路。

(3) 输电线路单相断线且一端接地或不接地。

(4) 限制电磁式电压互感器铁磁谐振过电压宜选取下列措施。

①选取励磁特性饱和点较高的电磁式电压互感器。

②减少同一系统中电压互感器中性点接地的数量，除电源侧电压互感器高压绕组中性点接地外，其他电压互感器中性点不宜接地。

③当 X_{C_0} 是系统每相对地分布容抗，X_m 为电压互感器在线电压作用下单相绕组的励磁电抗时，可在 10kV 及以下的母线上装设中性点接地的星形接地电容器组，或者用一段电缆代替架空线以减少 X_{C_0}，使 X_{C_0} 小于 $0.01X_m$。

④当 K_{13} 是互感器一次绕组与开口三角形绕组的变比时，可在电压互感器的开口三角形绕组装设阻值不大于 X_m/K_{13}^2 的电阻，或者装设其他专门消除此类铁磁谐振的装置。

⑤电压互感器高压绕组中性点可接入单相电压互感器或消谐装置。

谐振接地的较低电压系统，运行时应避开谐振状态；非谐振接地的较低电压系统，应采取增大对地电容的措施防止高幅值的转移过电压[35]。

国网、南网公司出台的防止电磁式电压互感器铁磁谐振事故措施，要求监测系统相对地电压的电磁式电压互感器励磁特性饱和拐点电压应大于额定相电压的 1.9 倍，电磁式电压互感器铁磁谐振后(特别是长时间谐振后)，应进行励磁特性试验并与初始值比较，其结果应无明显差异[36]。严禁在发生长时间谐振后未经检查就合上隔离开关将设备重新投入运行。

3.2　消弧线圈

消弧线圈是装设于变压器或发电机中性点，且具有铁芯的可调电感线圈。当发生单相接地故障时，提供一电感电流补偿接地电容电流，使接地电流减小，也使得故障相接地电弧两端的恢复电压速度降低，达到熄灭电弧的目的[37]。

消弧线圈接地系统属于小电流接地系统的一种，当系统出现单相接地故障时，流经消弧线圈的电感电流与流过系统对地的电容电流相加，其和为流过接地点的电流，电感电流同电容电流相位相反、互相抵偿。当剩余电流小于电弧起弧的最小电流(10A 以下)时，电弧得以熄灭，称为消弧线圈。早期，消弧线圈多为人工调匝式固定补偿，其电感量同系统电容处于谐振点附近，所以经消弧线圈的接地方式又称为谐振接地方式。经过多年的发展，消弧线圈从最初的人工调匝式固定补偿，逐步发展为微机自动调谐，并出现自动调匝式、调容式、偏磁式、相控式等工作形式。

当消弧线圈正确调谐时，不仅可以有效地减少弧光过电压产生的概率，也可以有效地抑制弧光过电压的幅值，同时还减小了故障点的热破坏作用及电网电压。消弧线圈调谐是指调节消弧线圈电感使其工作在谐振点附近，工程上使用脱谐度来描述调谐程度。根据脱谐度的不同，可分为全补偿、欠补偿和过补偿。当 $V = 0$ 时，称为全补偿，此时电感电流等于电容电流；当 $V > 0$ 时，称为欠补偿；当 $V < 0$ 时，称为过补偿。从减小接地点电流的角度出发，脱谐度越小，越能发挥消弧线圈的作用[38]。一般情况下，脱谐度应小于 10%。但当系统工作在较大脱谐度状态下时，易产生谐振过电压，不利于系统的安全运行。所以，消弧线圈往往串接一电阻接地，以增大系统阻尼，限制谐振电压。

对于消弧线圈的选用，当消弧线圈安装于"YN，d"接线的双绕组变压器中性点时，消弧线圈容量不应超过变压器三相总容量的 50%；消弧线圈接于"YN，yn，d"接线的三绕组变压器中性点时，消弧线圈容量不应超过变压器三相总容量的 50%，并不得大于三绕组变压器的任一绕组的容量；当消弧线圈接于零序磁通未经铁芯闭路的"YN，yn"接线变压器中性点时，消弧线圈容量不应超过变压器三相总容量的 20%[39]。具体根据系统电容电流水平和发展规划确定，并应按下式计算。

$$W = 1.35 I_\mathrm{C} \frac{U_\mathrm{n}}{\sqrt{3}} \qquad (3\text{-}1)$$

式中

W——消弧线圈容量(kVA)；

I_C——系统对地电容电流(A)；

U_n——系统标称电压(kV)。

根据调节方式不同，消弧线圈又可分为随调式消弧线圈和预调式消弧线圈两种。随调式消弧线圈主要包括相控式消弧线圈和偏磁式消弧线圈。系统正常运行时，消弧线圈被调节到远离谐振的位置，当自动装置检测到单相接地发生后，瞬时(ms 级别)将消弧线圈调节到谐振点，消除接地电容电流。所以随调式消弧线圈一般不装设阻尼电阻。预调式消弧线圈主要包括调匝式消弧线圈和调容式消弧线圈。预调式消弧线圈一般通过自动调谐装置实时跟踪系统电容电流，将消弧线圈调谐到谐振点附近，当单相接地发生时，短接阻尼电阻，以完全实现消弧线圈的补偿作用[40]。

消弧线圈安装与系统的零序回路，如图 3-1 所示，消弧线圈 L 的电感值一般远小于 PT 的励磁电感 L_1、L_2、L_3。安装消弧线圈后，相当于在 PT 每相的励磁电感 L_{PT} 上并接了一个电感值较小的消弧线圈电感 L_{XH}，破坏了系统对地电容同电压互感器的参数匹配关系，自然也能抑制铁磁谐振。在发生单相接地故障时，原本流过 PT 的零序电流被消弧线圈旁路，PT 就不会因为流过过电流而饱和，熔断器也不会熔断，这时铁磁谐振条件不再满足，从而消除铁磁谐振。

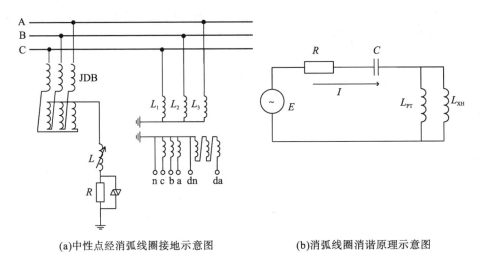

(a)中性点经消弧线圈接地示意图　　　　　　　(b)消弧线圈消谐原理示意图

图 3-1　消弧线圈安装与系统的零序回路

随调式消弧线圈不能用于消除铁磁谐振。随调式消弧线圈在系统正常运行时，远离谐振点，输出电流一般为 0A，阻抗无穷大，也就不具备消除铁磁谐振的能力了。

消弧线圈的消谐作用非常明显，一个电网系统中性点安装一台消弧线圈后，无论该电网系统中有多少组 PT 中性点直接接地，无论系统电容电流为多大，铁磁谐振过电压都会被很好地抑制，这是消弧线圈作为一种谐振抑制措施时一个突出的优点。从稳定性和安全性来说，装设消弧线圈是抑制铁磁谐振最有效的措施，还能有效地抑制弧光过电压[41]。

我国《交流电气装置的过电压保护和绝缘配合》（DL/T 620—1997）中规定：

(1)3～10kV 钢筋混凝土或金属杆塔的架空构成的系统和所有的 35kV、66kV 系统，在系统电容电流大于 10A 时，应采用消弧线圈接地方式。

(2)3～10kV 非钢筋混凝土或非金属杆塔的架空构成的系统，当电压为 3～6kV 时，系统电容电流大于 30A；当电压为 10kV 时，系统电容电流大于 20A；当电压为3～10kV 时，系统电容电流大于 30A。

符合以上几种情况时，系统应采用消弧线圈接地方式。

以上规定，实际上限制了消弧线圈的应用范围。到目前为止，多数人仍只从消弧的角度，没有从消弧线圈抑制铁磁谐振过电压和提高配电网供电的安全可靠性的角度综合考虑，认为电网电容电流在 10A 以下，没有安装消弧线圈的必要，这也是长久以来对消弧线圈应用的一个误区。虽然消弧线圈的成本投入相对较高，但综合来看，消弧线圈仍是最优的消谐措施。

3.3　一次消谐器

一次消谐器防护技术是在电磁式电压互感器一次绕组中性点与地之间接入电阻，以增大零序回路阻尼、消耗谐振回路能量来消除铁磁谐振。

连接在电磁式电压互感器中性点与地之间的一次消谐器接线及铁磁谐振等效电路如图 3-2 所示。

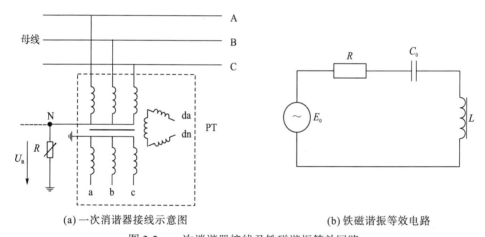

(a) 一次消谐器接线示意图　　　　　　　　(b) 铁磁谐振等效电路

图 3-2　一次消谐器接线及铁磁谐振等效回路

PT—电磁式电压互感器；R—一次消谐器；C—电网对地等效电容；L—电磁式电压互感器等效励磁电感

图 3-2(a) 中的一次消谐器连接于电磁式电压互感器一次绕组与地之间，N 点电压为 U_R，当系统发生单相接地、雷电和操作冲击时，其 U_R 的大小由一次消谐器阻值 R 决定。带一次消谐电阻 R 的三相铁磁谐振等效电路如图 3-3 所示。

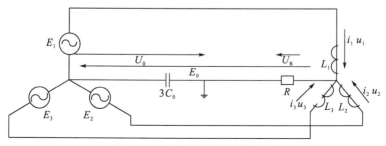

图 3-3　三相铁磁谐振简化电路

根据基尔霍夫第一定律,带一次消谐器 R 的方程式为[42]

$$E_0 = \frac{\dfrac{E_1}{j\omega L_1} + \dfrac{E_2}{j\omega L_2} + \dfrac{E_3}{j\omega L_3}}{\dfrac{j3\omega C_0}{1 - j3\omega RC_0} - \left(\dfrac{1}{j\omega L_1} + \dfrac{1}{j\omega L_2} + \dfrac{1}{j\omega L_3}\right)} \quad (3\text{-}2)$$

$$U_R = \left(\frac{E_1 + E_0}{j\omega L_1} + \frac{E_2 + E_0}{j\omega L_2} + \frac{E_3 + E_0}{j\omega L_3}\right) R \quad (3\text{-}3)$$

R 的阻值越大,位移电势 E_0 就越小,就越能抑制铁磁谐振的发生。当 R 为无穷大时,相当于电网中性点不接地,没有了零序通道谐振,条件就不成立。然而 R 太大会造成电压互感器开口三角零序电压偏低,从而影响接地故障判断的灵敏度;R 太小又起不到消除铁磁谐振的作用。因此,R 的选择要满足抑制铁磁谐振和涌流的目的,且与 PT 尾端绝缘相配合和满足热容量的要求。

当三相 PT 励磁阻抗相差不大时,式(3-3)可简化为

$$U_R \approx \left(\frac{E_1 + E_2 + E_3 + 3E_0}{j\omega L_1}\right) R = \left(\frac{3E_0}{j\omega L_1}\right) R \quad (3\text{-}4)$$

线路 B 相金属性接地时 $E_0 = E_2 + U_R$,则

$$U_R = \frac{3E_2 R}{j\omega L\left(1 - \dfrac{3R}{j\omega L}\right)} \quad (3\text{-}5)$$

取 R 为 $0.06X_L$(每相电压互感器在线电压下的励磁阻抗),并通过式(3-5)计算出某相接地时,35kV、10kV 系统消谐电阻上的电压 U_R 分别为 4441V、1332.3V。

一次消谐器的接入抬高了电磁式电压互感器 N 端的电压,对于分级绝缘电磁式电压互感器使用一次消谐器防护铁磁谐振,应考虑电磁式电压互感器 N 端的绝缘问题。

一次消谐器可采用固定电阻器或碳化硅非线性电阻器,研究表明碳化硅非线性电阻器对于限制电磁式电压互感器 N 端电压有明显作用,而使用固定电阻器对于电磁式电压互感器 N 端绝缘很不利,所以使用固定电阻器应采用全绝缘电磁式电压互感器。在 10kV 铁磁谐振试验系统上试验得到的不同固定电阻接地时和接地恢复瞬间电压峰值如表 3-1 所示。

表 3-1 不同消谐电阻值 U_R 电压峰值

R 消谐电阻/Ω	单相对地电容/相对	U_R 接地期间电压峰值/V	U_R 接地时电压峰值/kV	U_R 接地恢复电压峰值/kV	励磁涌流峰值/A
400	0.18	20	1.1	1.2	3.5
1200	0.18	40	1.9	3.6	3.3
2500	0.18	90	4.75	5.3	2.3

消谐电阻上的电压 U_R 还与系统对地电容有关，U_R 随对地电容的增大而增大。表 3-2 所示为消谐电阻为 400Ω、对地电容分别为 0.55μF、2.33μF、4.66μF 下时，接地恢复时 U_R 电压峰值。

表 3-2　400Ω 消谐电阻—不同电容电流时 U_R 电压峰值

R 消谐电阻/Ω	单相对地电容/μF	U_R 接地恢复电压峰值/kV	励磁涌流峰值/A
400	0.55	1.7	4.2
400	2.33	4	11
400	4.66	5	14

电压互感器一次绕组的励磁涌流随消谐电阻的增大而减小，随对地电容的增大而增大。

铁磁谐振零序等效电路如图 3-2(b) 所示，正常运行情况下，电磁式电压互感器的励磁电感 L 大于系统对地杂散电容的容抗，此时电路处于稳态。当电磁式电压互感励磁阻抗两端电压突然升高时，可使互感器铁芯饱和，出现励磁涌流，感抗随之减小，当感抗降低至等于容抗时，符合谐振发生条件，形成铁磁谐振回路。一次消谐器相当于在铁磁谐振回路中接入电阻 R_x，起到限制电磁式电压互感器承受的电压及吸收铁磁谐振产生能量的作用。

为防护铁磁谐振及限制电压互感器一次绕组中性点电压，一次消谐器通常采用非线性电阻，其非线性特性公式为

$$U = ki^\alpha \tag{3-6}$$

式中

α ——非线性系数；

k——系数。

实际应用中，一次消谐器一般由 SiC 超细颗粒制成，非线性系数范围为 0.3～0.45。表 3-3 所示为试验测试的 10kV 碳化硅消谐器接地恢复时的 U_R 电压峰值及励磁涌流峰值。

表 3-3　10kV 不同消谐电阻值 U_R 电压峰值

非线性系数	单相对地电容/相对	U_R 接地恢复电压峰值/kV	励磁涌流峰值/A
0.35	0.18	1.7	1.2
0.35	0.55	2.16	3.05
0.35	2.33	3.28	8.36
0.35	4.66	4	13.1

配电网中分级绝缘电压互感器使用广泛，因电压互感器中性点绝缘水平仅为 3～5kV，在单相接地恢复或消谐期间，消谐器两端可能产生幅值较高的过电压，

破坏电压互感器绝缘。针对此问题，碳化硅消谐器通常装设放电间隙，当电压互感器中性点电压过高时，放电间隙击穿，抑制消谐器两端的电压，但此种方法效果不理想，运行中常常发现电压互感器绝缘破坏现象[43]。

一次消谐器对于防护断线、电压互感器缺相时的铁磁谐振，防护性能有所下降，有时还会失效。

3.4　二次消谐器

3.4.1　传统二次消谐器

传统二次消谐器是将消谐白炽灯并接于电压互感器开口三角绕组，用于消除铁磁谐振[44]，其电气接线示意图如图 3-4 所示，消谐白炽灯电阻一定时，可用电阻 R 代替。用于 10kV 系统的消谐白炽灯功率为 200W 左右，用于 35kV 系统的白炽灯功率为 300～500W。

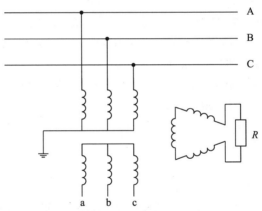

图 3-4　电压互感器开口三角接阻尼电阻接线示意图

电压互感器开口三角绕组并接阻尼电阻 R，吸收铁磁谐振产生的能量，R 的电阻值越小，流过 R 的电流就越大，吸收的能量也就越大，消谐时间就越短。

然而，采用白炽灯作阻尼电阻，长期接入互感器开口三角有一定局限性。白炽灯在冷态时阻值较小，铁磁谐振发生后，开口三角电压升高，白炽灯吸收谐振能量，进行消谐。若谐振没有及时消除，白炽灯很快发热进入热态，电阻增大，消谐可能失败。因此，使用固定电阻或白炽灯都存在以下问题。

(1)当系统发生永久性单相接地时,固定电阻(或白炽灯)一直接入电压互感器开口三角绕组，要求电压互感器开口三角绕组容量足够大，否则电压互感器可能因过热而烧毁。此外，铁磁谐振通常在单相接地恢复时发生，白炽灯因持续的发热，电阻明显增大而起不到消谐的作用。

(2) 当系统发生间歇性的弧光接地故障时，系统时而接地，时而又谐振，由于固定电阻(或白炽灯)长期处于间歇性消谐状态，电压互感器一次侧绕组持续流过间断性的短路电流，电压互感器可能因过热而烧毁。

基于以上考虑，使用固定电阻(白炽灯)作阻尼电阻，直接接入电压互感器开口三角绕组两端消除铁磁谐振的方法应用越来越少。

3.4.2　微机二次消谐器

微机消谐装置是通过监测电磁式电压互感器开口三角回路电压或一次绕组零序饱和电流判断是否发生铁磁谐振，如发生铁磁谐振则在电磁式电压互感器开口三角回路接入阻尼电阻，接入时间为 $20\sim200$ms，不宜大于 200ms。消除铁磁谐振后，断开阻尼电阻，阻尼电阻的大小一般为 $0\sim10\Omega$[45]。微机消谐装置原理如图 3-5 所示。

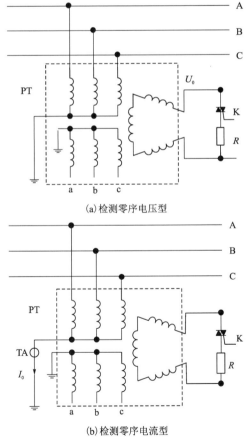

(a) 检测零序电压型

(b) 检测零序电流型

图 3-5　微机消谐装置原理

PT—电磁式电压互感器；R—阻尼电阻；K—阻尼电阻投切开关；TA—电流互感器；U_0—零序电压；I_0—零序电流

    微机消谐装置短接时间均设置为 100ms，电压互感器开口三角绕组分别接入 40Ω、20Ω、10Ω、5Ω、2Ω 阻尼电阻，系统相电压、PT 电流、开口三角电流的波形如图 3-6 所示。

    仿真计算表明：阻尼电阻阻值为 2Ω 和 5Ω 时，消谐效果较好，阻尼电阻投入后 20ms 内铁磁谐振消失。流过阻尼电阻的电流为一个较高幅值的脉冲电流，在阻尼电阻为 1Ω 时，脉冲电流幅值可达 130A，消谐产生的热量也高于其他阻值，这给阻尼电阻选型带来了一定的困难，而消谐效果却不一定有明显提升。阻尼电阻的选择宜通过试验确定，同一阻尼电阻的消谐时间长短主要由一次绕组直流电阻大小决定。

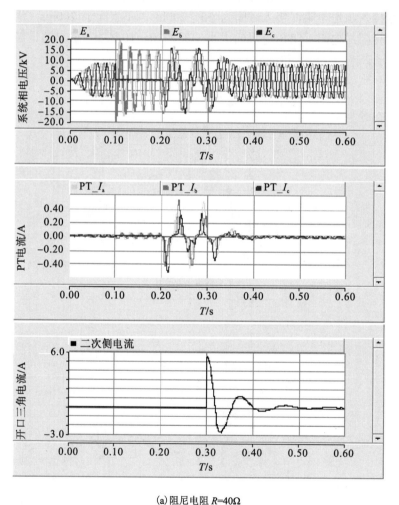

(a) 阻尼电阻 R=40Ω

图 3-6　不同阻值电阻消谐性能

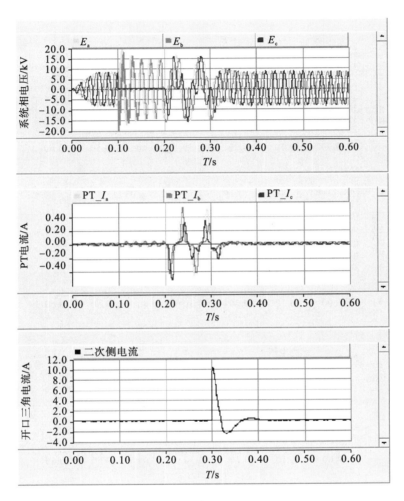

(b)阻尼电阻 $R=20\Omega$

图 3-6　不同阻值电阻消谐性能(续)

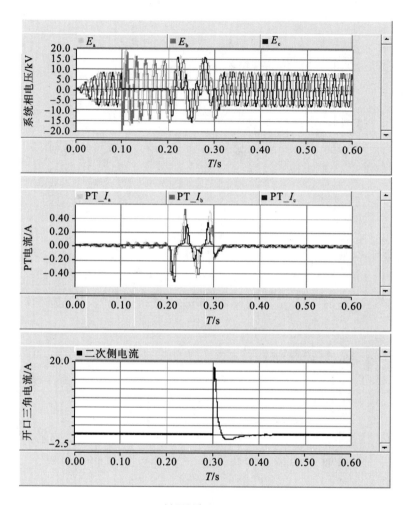

(c)阻尼电阻 R=10Ω

图 3-6　不同阻值电阻消谐性能(续)

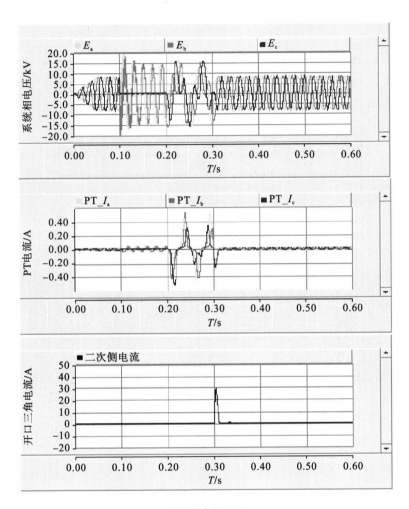

(d) 阻尼电阻 $R=5\Omega$

图 3-6　不同阻值电阻消谐性能(续)

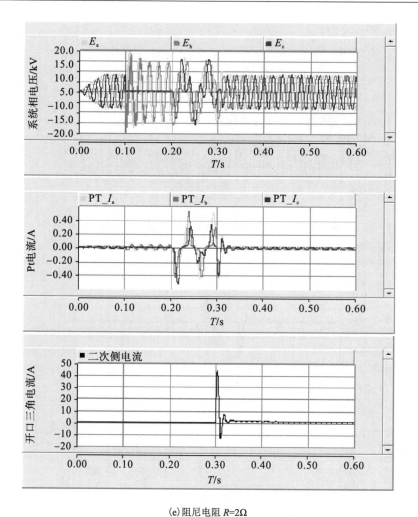

(e) 阻尼电阻 $R=2\Omega$

图 3-6　不同阻值电阻消谐性能(续)

　　电压互感器开口三角绕组接阻尼电阻的铁磁谐振防护方法具有一定的全局性，通常情况下，具有电气连接的配电系统中，仅需装设一套微机消谐装置即可。

1. 检测零序电压判断谐振型消谐装置

　　检测零序电压型微机消谐装置如图 3-5(a)所示，通过监测电磁式电压互感器开口三角回路零序电压 U_0，包括频率和幅值等开口三角电压 U_0 的特征参量，区分分频谐振、工频谐振或高频谐振，发生铁磁谐振则控制投切开关 K 接入阻尼电阻 R。为了防止在单相接地时装置误动使电压互感器长时间过负荷而烧毁的情况发生，通常将微机消谐装置基频谐振的阈值电压设定到较高水平，如零序电压的单相接地故障阈值为 30V<U_0<145V，工频谐振电压阈值为 150V。这样，

工频谐振时，如开口三角电压低于 150V 时，装置将无法动作。因工频谐振的频率近似于系统频率，检测零序电压型微机消谐装置对于工频谐振存在不能识别的问题[46]。

如果电压互感器开口三角形阻尼电阻在故障前误投入，会导致单相接地期间流过 PT 一次侧电流及三角形绕组的电流过大，时间一长极易造成高压熔丝熔断甚至阻尼电阻和 PT 烧毁。因此阻尼电阻不能长时间接在开口三角形两端。因此，微机消谐装置应具备准确辨别铁磁谐振与接地故障、断线故障的能力，这就对铁磁谐振的识别提出了要求。

理想情况下，阻尼电阻应该在谐振发生的瞬间投入，然而铁磁谐振的识别需要时间为 20～120ms，这样将延长消谐时间，在这段消谐时间内电气设备将承受铁磁谐振过电压、过电流。

近年来，微机型消谐装置得到了广泛应用。然而，这些装置实时监测电压互感器开口三角绕组电压，运用 DFT 算法计算出零序电压各种频率分量时，一般仅考虑 1/2 次、1/3 次分频及高频谐振[47]。

分频谐振的周期较长，根据采样定理，这些装置必须对输入信号经过较长时间的采样才能准确地提取出分频分量，这导致阻尼电阻的延时投入，而延时时间过长将导致消谐效果显著变差。此外，对于基频谐振与单相接地故障、断线故障的识别有较大困难，且检测零序电压识别铁磁谐振的方法还没有很好的解决。这样就大大限制了微机二次消谐装置的应用[48]。

2. 检测零序电流判断谐振型消谐装置

为解决检测零序电压识别铁磁谐振法识别时间长、易误动、拒动的缺陷，近年来出现了通过检测电压互感器零序电流识别铁磁谐振的微机消谐装置。检测电压互感器零序电流识别铁磁谐振的方法，相当于检测电压互感器饱和电流，饱和电流直接反映电压互感器是否饱和，相当于直接反映电压互感器是否会发生铁磁谐振。

检测零序电流型微机消谐装置如图 3-5(b)所示，通过连接在电磁式电压互感器一次绕组尾端与地之间的电流互感器 TA 检测引起电压互感器铁磁谐振的饱和脉冲电流 I_0，包括脉冲幅值、脉冲宽度、变化率等饱和电流特征参量，辨识是否发生铁磁谐振，如图 3-7 所示。

检测零序电流的判断方法避开了零序电压判断方法对工频谐振与接地故障、断线故障难以区分的问题，取得良好的应用效果。铁磁谐振识别流程如图 3-8 所示。

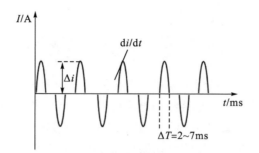

图 3-7 铁磁谐振饱和脉冲电流

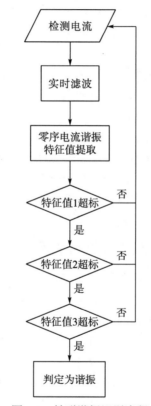

图 3-8 铁磁谐振识别流程

3.5 4 单元电压互感器法(4PT)

在三相电压互感器中性点接入单相电压互感器的方法称为 4 单元电压互感器法(4PT)，4PT 防护铁磁谐振技术包括开口三角绕组短路和开口三角绕组开路两种形式[49]。

(1)开口三角绕组短路的 4PT 防护铁磁谐振技术：将三相电压互感器二次侧

开口三角绕组直接短接,如图 3-9(a)所示。此种接线方式使零序回路中仅有零序
电压互感器的磁化电感,从根本上破坏了产生铁磁谐振的条件。

注意:此种接线方式应防止开口三角回路电流过大导致互感器组烧损。

(2)开口三角绕组开路的 4PT 防护铁磁谐振技术:将三相电压互感器开口三
角绕组与零序电压互感器的二次绕组正极串联,如图 3-9(b)所示。此种接线方式
零序回路中有三相电压互感器和零序电压互感器的磁化电感,增大了零序回路的
阻抗,可缩小谐振区域。

注意:此种接线方式开口三角绕组的电压对零序电压幅值有影响,可能零序
电压继电器动作电压要重新整定。

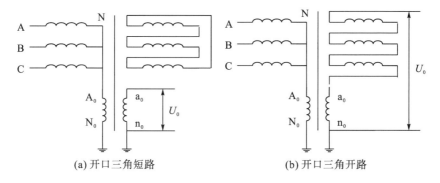

(a) 开口三角短路　　　　　　　　　(b) 开口三角开路

图 3-9　4PT 接线方式

关于两种接线方式的选型。对于开口三角绕组短路接线的 4PT,三相电压互
感器应为全绝缘,二次侧开口三角绕组应满足极限输出容量要求;零序电压互感
器饱和拐点电压不低于 1.9 倍的系统相对地电压;三相电压互感器和零序电压互
感器技术性能应满足《互感器　第 3 部分:电磁式电压互感器的补充技术要求》
(GB/T 20840.3—2013)的要求。对于开口三角绕组开路接线的 4PT,三相电压互
感器应为全绝缘,零序电压互感器饱和拐点电压不低于1.9倍的系统相对地电压;
三相电压互感器和零序电压互感器技术性能应满足《互感器　第三部分:电磁式电
压互感器的补充技术要求》(GB/T 20840.3—2013)的要求。

开口三角绕组开路接线的 4PT,能有效抑制电压互感器开口三角回路的环流,
铁磁谐振防护性能取决于接地电压互感器一次绕组直流电阻及励磁特性,铁磁谐
振防护性能不如开口三角绕组短路接线的 4PT,从零序电压测量角度来说,测量
准确度差。

考虑配电系统中多组接地的电压互感器其中之一产生铁磁谐振,导致开口三
角绕组短路接线的 4PT 烧毁,开口三角绕组短路接线的 4PT 防护铁磁谐振时,其
所有配电系统中监测母线、线路相对地电压的互感器,都应为开口三角绕组短路
接线的 4PT。

3.6　电容式电压互感器

电容式电压互感器由电容分压单元和电磁单元组成，其设计和相互连接使电磁单元的二次电压正比于一次电压，且相位差在连接方向正确时接近于零。

电容式电压互感器 CVT 的结构如图 3-10 所示，由分压电容 C_1 和 C_2、中间变压器 T、补偿电抗器 L、保护装置 F、阻尼器 D 等元件构成。

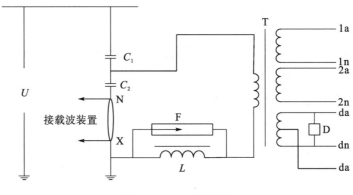

图 3-10　CVT 的结构

近年来，CVT 厂家在制造工艺和质量控制方面取得了很大进步，使得 CVT 可靠性与经济性显著提高，在我国 110kV 及以上电压等级的电力系统中得到了广泛应用。CVT 可同时兼做载波通信的耦合电容器，其绝缘性能优良，还可以降低雷电波波头陡度。

电容式电压互感器是采用阻尼装置抑制非线性电磁单元与固有电容之间的铁磁谐振，阻尼装置由阻尼电阻和电抗器组成，接入二次绕组 da、dn 两端，正常情况下阻尼装置阻抗很高，相当于开路，铁磁谐振时电抗器饱和接入电阻，吸收振荡能量。

CVT 同时含有电容和非线性电感，在发生一次侧突然合闸、冲击或二次侧短路又消除等扰动时，中间变压器铁磁饱和，电感值下降，与电容参数匹配时就会形成铁磁谐振。如果阻尼器 D 参数设置不当，谐振就会产生持续的过电压、过电流，烧损电磁单元[50]。

按照《互感器　第 5 部分：电容式电压互感器的补充技术要求》（GB/T 20840.5—2013）中的铁磁谐振试验要求，电容式电压互感器仅考虑非线性电磁单元与固有电容间的铁磁谐振，未考虑中性点不接地系统中设备及线路对地杂散电容对 CVT 铁磁谐振的影响。

图 3-11 所示为 35kV 中性点不接地系统电容式电压互感器铁磁谐振仿真电路，

给出了 35kV 不接地系统采用 CVT 防护铁磁谐振的 PSCAD 仿真计算模型，仿真计算得出，CVT 铁磁谐振随系统电容电流的增大对系统电压的影响逐渐减小，当系统电容电流增大到一定程度时，电容式电压互感器的铁磁谐振将不再影响系统电压。图中 E_a、E_b、E_c 分别表示测量 35kV 系统 A、B、C 相电压。

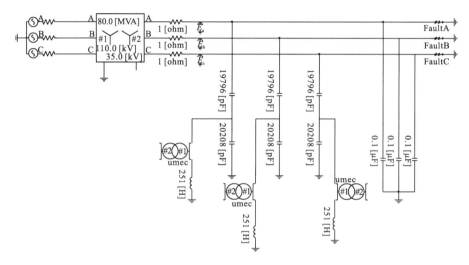

图 3-11　35kV 中性点不接地系统电容式电压互感器铁磁谐振仿真电路

图 3-12 所示为系统杂散电容为 0 时，35kV 电容式电压互感器 1/3 分频谐振变为 1/2 分频谐振的波形，谐振期间三相电压峰值最大分别为 42.12kV、43.49kV、44.01kV，零序电压峰值最大为 18.92kV。

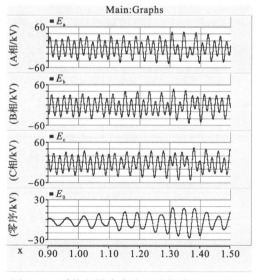

图 3-12　系统杂散电容为 0 时的铁磁谐振波形

图 3-13 所示为系统杂散电容为 0.05μF 时，35kV 电容式电压互感器 1/2 分频谐振的波形，谐振期间三相电压峰值最大分别为 35.69kV、35.93kV、37.57kV，零序电压峰值最大为 12.14kV。

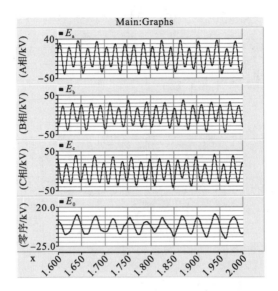

图 3-13   系统杂散电容为 0.05μF 时的铁磁谐振波形

图 3-14 所示为系统杂散电容为 0.2μF 时，35kV 电容式电压互感器 1/3 分频谐振的波形，谐振期间三相电压峰值最大分别为 30.10kV、31.23kV、31.36kV，零序电压峰值最大为 2.96kV。

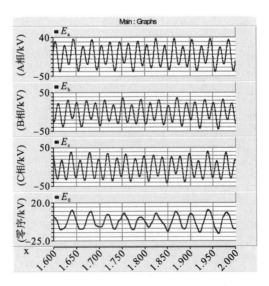

图 3-14   系统杂散电容为 0.2μF 时的铁磁谐振波形

　　图 3-15 所示为系统杂散电容为 0.5μF 时，35kV 电容式电压互感器铁磁谐振现象消失，35kV 母线三相电压对称。

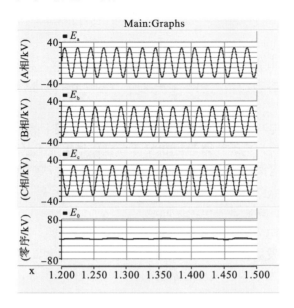

图 3-15　系统杂散电容为 0.5μF 时的铁磁谐振波形

　　中性点非有效接地系统中监测相对地电压采用 CVT 时应进行三相铁磁谐振试验，确保合空母线时的铁磁谐振得到有效抑制。

　　在配电系统中 CVT 与电容式电压互感器没有经济优势，通常 CVT 并不是抑制铁磁谐振过电压、过电流的最佳选择。

3.7　提高电压互感器饱和拐点电压

　　产生铁磁谐振的根本原因在于电压互感器铁芯饱和，电感量下降。因此，提高电压互感器励磁特性 V-I 的饱和拐点电压，使电压互感器在很高的电压范围内不会饱和，电压互感器也就不会发生铁磁谐振。但电压互感器励磁特性饱和拐点电压不能无限制提高，这将极大地增加互感器体积及制造成本，降低电压互感器的工作点。而且在一定的工作电压下，电压互感器工作在励磁特性曲线的较低位置，影响电压互感器的测量准确度[51]。

　　总之，提高电压互感器励磁特性饱和拐点电压，相当于使电压互感器不易饱和，在一定的电压及电容电流下，自激振荡频率降低，铁磁谐振不易维持，缩小了铁磁谐振电流的区间。

　　相关标准规定，接地的电压互感器饱和拐点电压不应低于额定相对地电压的

1.9 倍，甚至有的供电单位要求不低于 2 倍。

3.8 增加系统对地电容

增大系统对地电容使铁磁元件与电容元件(杂散电容、补偿电容等)的自激振荡频率降低，当电容电流增大到一定程度时，铁磁元件与电容元件不再发生持续的铁磁谐振。

增大系统对地电容的方法通常有调整运行方式、母线上装设中性点接地的电容器组和架空线路更换为电缆线路等。10kV 系统铁磁谐振电流区间为 0～20A，35kV 系统铁磁谐振电流区间为 0～10A，铁磁谐振电流区间与铁磁谐振回路的阻尼及互感器励磁特性饱和点电压有关；铁磁谐振回路的阻尼越小，铁磁谐振电流区间越大，饱和拐点电压越低，铁磁谐振电流区间越大。

增大系统对地电容会增加系统单相接地时的故障电流，使故障点的电弧不易熄灭，瞬时性故障发展为相间故障或永久故障的概率增大。因此，采用此防治方法时应综合考虑增大电容电流后对系统的影响。

3.9 减少接地电压互感器组数

同一配电系统中，除电源侧外不宜采用一次中性点接地的电压互感器。也就是说，除有必要监测系统相对地绝缘时才可采用接地的电压互感器。

配电系统中并联的 PT 台数越多，总的等效励磁特性越平缓，相对饱和拐点电压越低。受到扰动时，更容易产生铁磁谐振。同时，多组并联的电压互感器其励磁特性、一次绕组直流电阻不同，励磁特性不好或一次绕组直流电阻较小的电压互感器易发生持续性铁磁谐振，也可能引起连锁反应造成更大的危害。

然而，随着智能电网的发展，新能源、储能电源及冲击性负荷的接入，这些电源和负荷点都需要监测系统相对地绝缘，增加了铁磁谐振的防护难度。

第4章　铁磁谐振防护设备性能检测

配电系统中常用的铁磁谐振防护设备主要有 SiC 一次消谐器、微机二次消谐装置、消弧线圈、4 单元电压互感器组。

SiC 一次消谐器目前尚无相关行业标准，国家电网公司企业标准《电磁式电压互感器用非线性电阻型消谐器技术规范》(Q/GDW 415—2010)规范了流敏型一次消谐器、压敏型一次消谐器(SiC)的使用条件、技术要求、试验方法和检验规则等要求。

微机二次消谐装置目前尚无相关的行业标准、企业标准，装置使用条件、性能要求、试验等尚未规范。

消弧线圈已有国家标准《电力变压器 第6部分:电抗器》(GB/T 1094.6—2011)中第 11 章消弧线圈，对无自动跟踪补偿功能的消弧线圈设计、性能及试验进行了规范，国家标准《自动跟踪补偿消弧线圈成套装置技术条件》(DL/T 1057—2007)对自动跟踪补偿功能的消弧线圈进行了规范。

4 单元电压互感器组(4PT)已有国家标准《互感器 第 3 部分：电磁式电压互感器的补充技术要求》(GB/T 20840.3—2013)，对电磁式电压互感器使用条件、技术要求及试验进行了规范。但未对接地的电磁式电压互感器及开口三角绕组短路的三相变压器绕组容量的技术要求进行规范。

因此，配电系统铁磁谐振防护设备的相关标准、技术规范及指导性技术文件的制定相对滞后，本章对 SiC 一次消谐器、微机二次消谐装置防护设备的主要性能参数及试验进行简要介绍。

4.1　SiC 一次消谐器

4.1.1　性能参数

碳化硅消谐器工频 1mA(峰值/$\sqrt{2}$)下电压 $U_{1\text{mA}}$(峰值/$\sqrt{2}$)、电流 10mA(峰值/$\sqrt{2}$)下电压 $U_{10\text{mA}}$(峰值/$\sqrt{2}$)、直流电流 1mA/10mA 下的直流电压、非线性系数 α、限压间隙工频放电电压应符合表 4-1 中的规定。

表 4-1　6～35kV 碳化硅消谐器技术参数

系统标称电压技术参数		10kV（6kV）	35kV（20kV）
工频电流 1mA（峰值/$\sqrt{2}$）下电压 U_{1mA}（峰值/$\sqrt{2}$）/V		280～350	800～1000
工频电流 10mA（峰值/$\sqrt{2}$）下电压 U_{10mA}（峰值/$\sqrt{2}$）/V		800～1000	2000～2500
直流电流 1mA 下的直流电压/V		280～350	800～1000
直流电流 10mA 下的直流电压/V		800～1000	2000～2500
非线性系数 α		0.3～0.45	0.25～0.40
工频放电电压	下限/V	1500	3000
	上限/V	2200	4000

注：工频放电电压仅适用于并联限压间隙的碳化硅消谐器。

4.1.2　性能要求

1. 热容量要求

碳化硅消谐器应能承受 200mA 工频电流（有效值）120min 的作用，电流作用前后，测量工频电流 1mA（峰值/$\sqrt{2}$）下电压 U_{1mA}（峰值/$\sqrt{2}$）、工频电流 10mA（峰值/$\sqrt{2}$）下电压 U_{10mA}（峰值/$\sqrt{2}$）。电流作用前后，电压 U_{1mA}（峰值/$\sqrt{2}$）、电压 U_{10mA}（峰值/$\sqrt{2}$）的变化不应超过 10%。

2. 机械性能

碳化硅消谐器顶端应能承受的最大允许水平拉力 F 应符合表 4-2 中的规定。

表 4-2　消谐器的最大允许水平拉力

系统标称电压	10kV	35kV
最大允许水平拉力/N	147	294

3. 温度耐受性能

碳化硅消谐器应能耐受 150℃持续时间为 1 小时的 4 次热循环试验，每次循环间隔 1 小时。热循环试验前后，测量工频电流 1mA（峰值/$\sqrt{2}$）下电压 U_{1mA}（峰值/$\sqrt{2}$）、工频电流 10mA（峰值/$\sqrt{2}$）下电压 U_{10mA}（峰值/$\sqrt{2}$）。热循环前后，电压 U_{1mA}（峰值/$\sqrt{2}$）、电压 U_{10mA}（峰值/$\sqrt{2}$）的变化不应超过 10%。

4. 防护性能

户外防雨型碳化硅消谐器防护等级应不低于 IPX2。

5. 瓷外套绝缘耐受

户外碳化硅消谐器的瓷外套防雨罩的绝缘性能应满足《绝缘配合 第 1 部分：定义、原则和规则》(GB311.1—2012)中的要求。

4.1.3　试验

1. 工频电流下的电压测试

对碳化硅消谐器施加试验电压，当通过碳化硅消谐器的电流等于试验值时，测出碳化硅消谐器上的电压。试验电压的频率范围为 45～55Hz，电压波形应近似为正弦波，其峰值与有效值之比应在 $\sqrt{2}$ 电压波形以内。电压测量装置准确度不低于 1 级，交流峰值电压表和交流毫安表准确度不低于 1.0 级。工频电压试验接线图如图 4-1 所示，测量工频电流 1mA(峰值/$\sqrt{2}$)下电压 U_{1mA}(峰值/$\sqrt{2}$)，工频电流 10mA(峰值/$\sqrt{2}$)下电压 U_{10mA}(峰值/$\sqrt{2}$)。

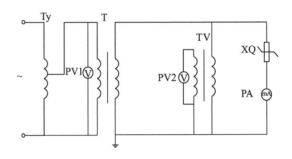

图 4-1　工频电压试验接线图

Ty—调压器；T—工频试验变压器；TV—测量用电压互感器；XQ—消谐器；PV1、PV2—电压表；PA—毫安表

2. 直流电流下的电压测试

对碳化硅消谐器负极性直流电压，当通过碳化硅消谐器的电流值等于试验值时，测出碳化硅消谐器上的直流电压值。试验采用直流高压发生器，直流电压纹波系数应不大于 3%。电流测量毫安表准确度不低于 1.5 级，电流测量微安表准确度不低于 1.5 级(或采用电阻分压器测量直流电压)。直流电压试验接线图如图 4-2 所示，测量直流电流 1mA 及 10mA 下的直流电压，计算非线性系数 α。

3. 限压间隙工频放电电压试验

试验接线参照图 4-1，对碳化硅消谐器施加工频电压，碳化硅消谐器在表 4-1 中要求的限压间隙工频放电电压范围内，限压间隙应击穿并持续放电。

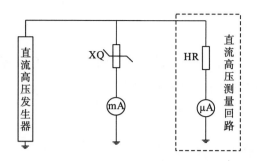

图 4-2　直流电压试验接线图

XQ—消谐器；HR—线性高电阻器；mA—毫安表；μA—微安表

4. 热容量试验

试验接线参照图 4-1，对碳化硅消谐器施加工频电压，当通过碳化硅消谐器的电流达到 200mA 试验值后，保持 120min，试验过程中，电流的变化不超过 ±5%。试验前后，测量工频电流 1mA（峰值/$\sqrt{2}$）下电压 U_{1mA}（峰值/$\sqrt{2}$），工频电流 10mA（峰值/$\sqrt{2}$）下电压 U_{10mA}（峰值/$\sqrt{2}$）。

5. 温度耐受性能

将碳化硅消谐器经过 150℃持续时间为 1 小时的 4 次热循环，每次循环间隔 1 小时，4 次热循环示意图如图 4-3 所示。热循环前后，测量工频电流 1mA（峰值/$\sqrt{2}$）下电压 U_{1mA}（峰值/$\sqrt{2}$）及工频电流 10mA（峰值/$\sqrt{2}$）下电压 U_{10mA}（峰值/$\sqrt{2}$）。

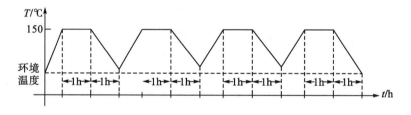

图 4-3　4 次热循环示意图

4.2　微机二次消谐装置

4.2.1　性能参数

（1）反应时间：从发生铁磁谐振开始至微机二次消谐装置动作将电压互感器开口三角绕组阻尼电阻投入的时间。反应时间体现了装置识别铁磁谐振的速度和灵敏度，反应时间越短，电力设备承受的谐振过电压时间越短，一般装置反应时间应小于 120ms。

(2)阻尼电阻的阻值和功率：阻尼电阻的电阻值应在 5Ω 以下，电阻功率应不小于电压互感器开口三角绕组额定输出功率的 50%。

(3)阻尼电阻投入时间：阻尼电阻不能长时间接入电压互感器开口三角绕组，否则可能会造成电压互感器过热烧毁。单次阻尼电阻投入时间应为 50～120ms。

(4)阻尼电阻投入间隔时间：阻尼电阻不能过于频繁地接入电压互感器开口三角绕组，两次接入间隔时间应不小于 200ms。

(5)微机二次消谐装置在单相接地故障、断线故障时应不误动。

(6)微机二次消谐装置的阻尼电阻投切开关应选择过零关断的电力电子开关。

4.2.2　试验

(1)谐振识别试验。为了检验微机二次消谐装置应具备识别 6 分频、4 分频、3 分频、2 分频、工频、高频(3 倍频以下)不同铁磁谐振的能力。

(2)时间测试试验。检测微机二次消谐装置对铁磁谐振的反应时间、阻尼电阻投入时间、阻尼电阻投入间隔时间。可在进行三相铁磁谐振试验时测量，也可采用专用仪器注入谐振信号测量。

(3)消谐性能试验。推荐的试验电容量参考值如表 4-3 所示，必要时可通过改变电容量得到所需的工频谐振和分频谐振。试验时，应严格控制铁磁谐振时间，铁磁谐振的持续时间不宜超过 10s。

应在 $1.0U_\varphi$ 和 $1.1U_\varphi$ 电压下进行铁磁谐振，其中 U_φ 为系统额定相电压。

铁磁谐振的激发既可采用单相接地故障恢复，也可采用其他方式，如采用冲击扰动方式，但单相接地故障恢复是一种简单有效的激发方式。

表 4-3　试验电容量参考值

谐振类型	铁磁谐振试验电容量参考值(每相对地电容值)	
	10kV	35kV
1/4 分频谐振	3μF	0.4μF
1/2 分频谐振	0.4μF	0.2μF
工频谐振	0.08μF	0.08μF

注：1. 铁磁谐振试验每相电容的选择应满足防护工频谐振、分频谐振，分频谐振应包括 1/2 分频谐振和 1/4 分频谐振。

2. 工频谐振零序电压频率为 50 Hz±5 Hz，1/2 分频谐振零序电压频率为 25 Hz±3 Hz，1/4 分频谐振零序电压频率为 12 Hz±3 Hz。

试验步骤如下。

①将微机消谐装置接入试验电路中，依据表 4-3 中的谐振类型选择试验电容器的电容量。

②将微机消谐装置关闭，调整电压到需要的试验电压，采用单相接地故障恢复方式激发铁磁谐振，得到稳定的铁磁谐振(应连续 3 次均可激发铁磁谐振，否则调整试验电容器的电容量)，记录铁磁谐振波形。

③打开微机消谐装置，并使用单相接地故障恢复激发铁磁谐振，记录消谐波形。

第5章 电压互感器铁磁谐振试验

5.1 铁磁谐振试验系统基本组成

 配电网铁磁谐振试验系统是研究铁磁谐振特性、检验防护方法及防护设备性能的基础平台，试验系统通常包括试验变压器(T)、试验电磁式电压互感器(PT)、三相高压断路器(QF1)、单相高压断路器(QF2)、低压断路器(QF3)、试验电容器(C)、电磁式电压互感器用熔断器(FU)、零序电流互感器(CT)。铁磁谐振试验系统接线图如图 5-1 所示，对于微机消谐装置消谐性能检测，依据图 5-1 所示连接试验电路；对于电容式电压互感器消谐性能检测，试验时用电容式电压互感器替换试验电磁式电压互感器(PT)。

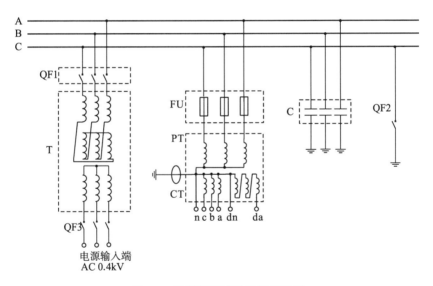

图 5-1　铁磁谐振试验系统接线图

5.1.1 试验电源及滤波装置

1. 试验电源

 电源电压波形应为频率为 50Hz 的正弦波，频率偏差应不大于 1%，总谐波含量不超过 5%，偶次谐波含量不超过 1%。

三相电源电压应近似对称；连续的最高相电压比最低相电压应不高于 1%。
10kV 试验电源容量不小于 500kVA，35kV 试验电源容量不小于 800kVA。

2. 滤波装置

滤波装置采样精度不大于 1%，采样率不低于 10kHz，包括三相电压、零序电压采集通道和零序电流采集通道。

5.1.2　试验设备

1. 试验变压器

10kV 铁磁谐振试验，试验变压器容量应不小于 300kVA。
35kV 铁磁谐振试验，试验变压器容量应不小于 500kVA。

2. 试验电磁式电压互感器

电磁式电压互感器励磁特性饱和点电压不低于 $1.9U_{\varphi}$，一次绕组直流电阻、剩余绕组极限输出容量应满足如下规定。

（1）10kV 电磁式电压互感器一次绕组直流电阻应不大于 300Ω，剩余绕组的额定热极限输出应不小于 300VA。

（2）35kV 电磁式电压互感器一次绕组直流电阻应不大于 10000Ω，剩余绕组的额定热极限输出应不小于 300VA。

注意，电容式电压互感器消谐性能检测将电容式电压互感器替换为电磁式电压互感器。

5.2　铁磁谐振模拟试验

5.2.1　分频谐振

工况一：每相对地电容为 0.55μF，10kV 系统下电容电流约为 3A，C 相金属性接地。二分频各相电压、零序电压波形(如各相 PT 电流波形)如图 5-2 所示，出现振荡频率约为 25Hz 的分频谐振，A、B 和 C 三相过电压幅值分别为 14.5kV、20kV 和 15.4kV，过电压幅值不是很高，一般约为 2 倍额定电压，PT 一次侧流过电流较大，峰值电流为 6A。随着谐振频率越来越小，谐振过电压幅值略有降低。

工况二：每相对地电容为 2.33μF，10kV 系统下电容电流约为 13A，C 相金属性接地。4 分频各相电压、零序电压波形和各相 PT 电流波形如图 5-3 所示，在单相接地恢复后，零序电压出现振荡，振荡频率逐渐衰减，最终稳定为 13Hz。谐振过程中，三相电压升高，约为相电压的 1.4 倍，比二分频谐振时电压低。PT 一次侧流过电流较大，峰值电流为 10A，比二分频谐振时高。

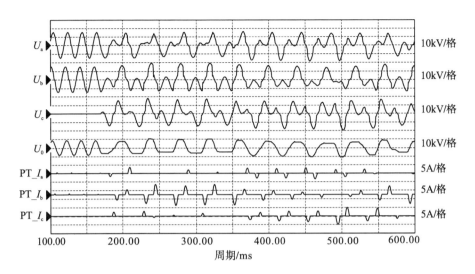

图 5-2　工况一　1/2 分频谐振波形(0.55μF、#1PT、1/2 分频)

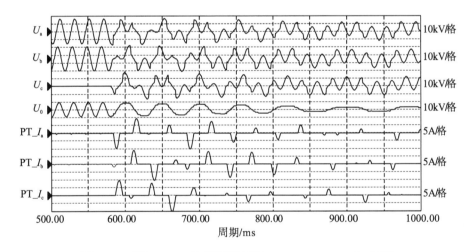

图 5-3　工况二　1/4 分频谐振波形(2.33μF、#1PT、1/4 分频)

工况三：每相对地电容为 2.33μF，10kV 系统下电容电流约为 13A，C 相金属性接地，与分频谐振工况二相同。不同的是试验中投入了二次消谐装置，如图 5-4 所示。在二次消谐装置输出动作后，4 分频谐振未得到有效的消除，谐振频率由 4 分频转变为 6 分频谐振，振荡频率约为 8Hz。稳定的 6 分频谐振过程中，三相电压升高，约为相电压的 1.5 倍，PT 一次侧流过电流峰值最大为 2.7A。

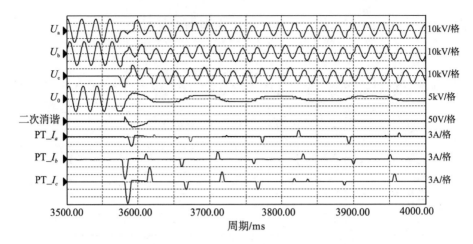

图 5-4 工况三 1/6 分频谐振波形(2.33μF、#1PT、1/4 分频转 1/6 分频)

分频谐振波形进行频谱分析,如图 5-5~图 5-7 所示。

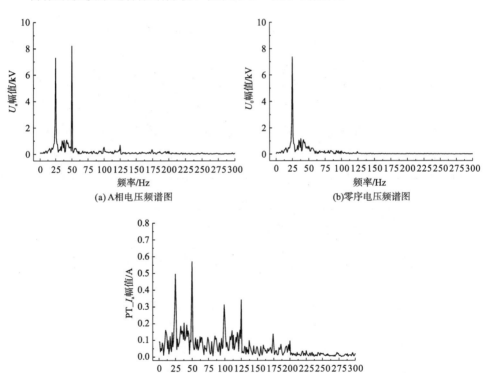

图 5-5 1/2 分频电压电流频谱图

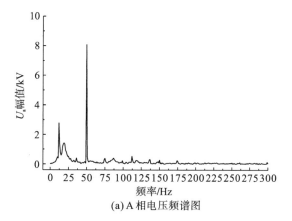

(a) A 相电压频谱图

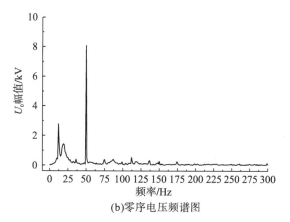

(b) 零序电压频谱图

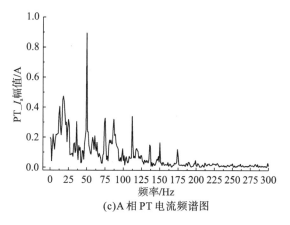

(c) A 相 PT 电流频谱图

图 5-6　1/4 分频电压电流频谱图

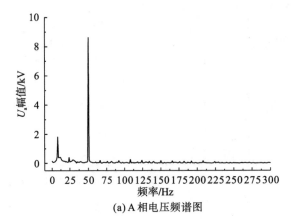

(a) A 相电压频谱图

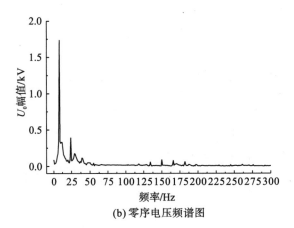

(b) 零序电压频谱图

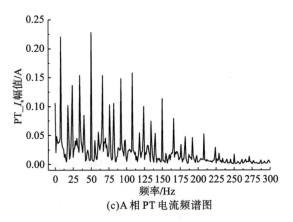

(c) A 相 PT 电流频谱图

图 5-7   1/6 分频电压电流频谱图

5.2.2　工频谐振

工况一：每相对地电容为 0.18μF，#2PT。各相电压、零序电压波形和各相 PT 电流波形如图 5-8 所示，A、B 和 C 三相过电压幅值分别为 18kV、17.5kV 和 8kV。

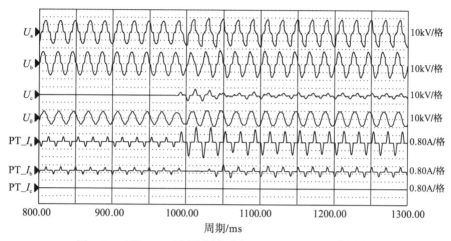

图 5-8　工况一　工频谐振波形（0.18μF、#2PT、工频谐振）

工况二：每相对地电容为 0.18μF，C 相金属性接地，#1PT。各相电压、零序电压波形及各相 PT 电流波形如图 5-9 所示，A、B 和 C 三相过电压幅值分别为 26.5kV、23.5kV 和 19.5kV，工频谐振过电压幅值比分频谐振时更高，在 2.5 倍额定电压左右，PT 过电流高达 5A。

工频谐振工况二时，电压电流频谱分析如图 5-10 所示，电压波形以基频分量为主，谐波分量较弱。各相 PT 电流波形频率分量非常丰富，奇数次谐波分量幅值较大。

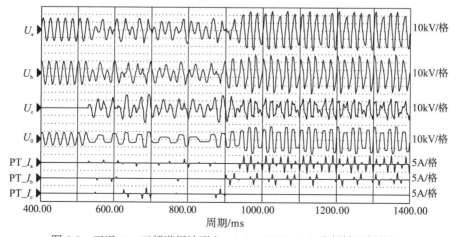

图 5-9　工况二　工频谐振波形（0.18μF、#1PT、1/2 分频转工频谐振）

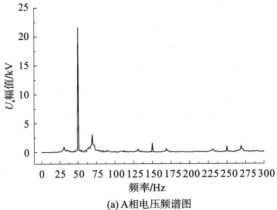

(a) A相电压频谱图

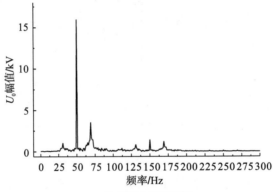

(b) 零序电压频谱图

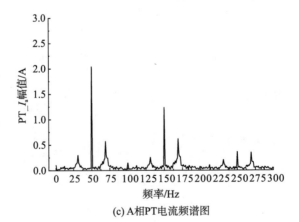

(c) A相PT电流频谱图

图 5-10   工频谐振电压电流频谱图

5.2.3   高频谐振

在高频铁磁谐振试验中，通过调节电容量的大小使 X_{C_0} / X_m 大于 0.02，在间歇性弧光接地、过电压等强烈激励冲击下，出现持续数个周波的高频振荡，未发现持续稳定的高频谐振，而是具有工频和高频的混合成分，各相电压和频谱分析如图 5-11 和图 5-12 所示，A、B 和 C 三相过电压幅值分别为 28.5kV、27.5kV 和 26kV。多次试验表明，高频谐振过电压幅值比工频谐振还高，在 PT 励磁特性很差等极端情况下高频谐振过电压幅值可达 3.5 倍额定电压。由于高频谐振发生时系统对地电容很小，电容电流就小，此时 PT 电流不是很大，远小于工频谐振和分频谐振时的电流。从频谱分析图看，高频谐振一般都伴随着工频谐振。

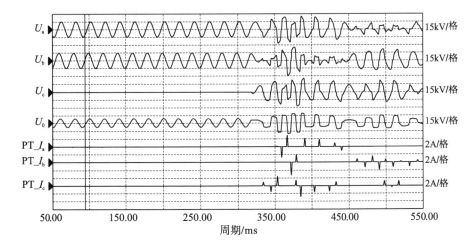

图 5-11　高频谐振各相电压波形

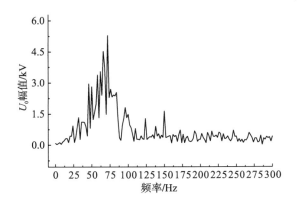

图 5-12　高频谐振 U_0 频谱图

5.2.4　参数不平衡谐振

工况一：A、C 相对地电容为 0.045μF，B 相无电容，#1PT。各相电压、零序电压波形如图 5-13 所示，B、C 相过电压幅值高达 28kV。

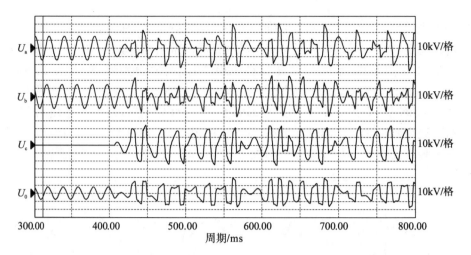

图 5-13 工况一 工频谐振波形（A、C 相对地电容 0.045μF、B 相无电容、#1PT）

工况二：每相对地电容 0.09μF、A 相 PT 断线，#1PT，无任何消谐装置。各相电压和零序电压波形如图 5-14 所示，故障恢复后 B、C 相过电压幅值为 15kV。

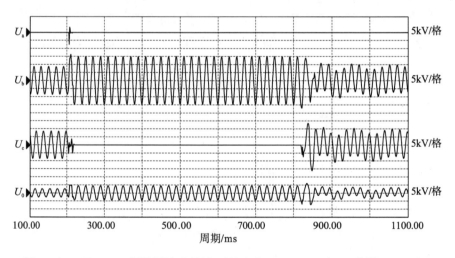

图 5-14 工况二 工频谐振波形（每相对地电容 0.09μF、A 相 PT 断线、#1PT）

5.3 防护设备性能试验

5.3.1 SiC 一次消谐器消谐性能试验

SiC 一次消谐器目前应用较为广泛，对于消除对称的分频、工频谐振具有良好的作用，能在 300ms 内抑制铁磁谐振。对于每相杂散电容小于 0.045μF 时，铁磁谐振防护性能变弱。在系统参数不对称(如断线、PT 熔断器某相熔断)的情况下，防护能力可能失效。

SiC 一次消谐器对不同工况的铁磁谐振，其消谐效果也不同。

1. 系统参数平衡

下面展示#1PT 不同工况下铁磁谐振电压波形。

工况一：每相对地电容为 0.038μF，#1PT。加装一次消谐器后各相电压、零序电压和一次消谐器端电压 U_x 波形如图 5-15 所示，正常运行时，消谐器电压峰值为 0.5kV；接地时，消谐器电压峰值为 1.2kV；在单相接地恢复时，消谐器电压峰值为 3kV，零序电压 U_0 出现低频振荡，经过 200ms 后逐渐稳定，三相电压幅值迅速下降至正常值。

工况二：每相对地电容为 0.55μF，#1PT。加装一次消谐器后各相电压、零序电压和一次消谐器端电压 U_x 波形如图 5-16 所示，正常运行时，消谐器电压 U_x 峰值为 0.4kV；接地时，U_x 峰值为 1.3kV；接地恢复后，U_x 峰值为 4.6kV，随后在 30ms 内迅速下降，并有稳定的幅值不超过 1.5kV 的纹波。此工况下，一次消谐器有效地抑制了分频谐振的发生。

工况三：每相对地电容为 2.33μF，#1PT。加装一次消谐器后各相电压、零序电压和一次消谐器端电压 U_x 波形如图 5-17 所示，正常运行时，消谐器电压 U_x 峰值为 0.5kV；接地时，U_x 峰值为 1.2kV；接地恢复后，U_x 峰值为 3.5kV，随后在 50ms 内迅速下降，并有稳定的幅值不超过 1.5kV 的纹波。此工况下，一次消谐器有效地抑制了分频谐振的发生，零序电压还含有少量的纹波分量，一次消谐器电压也含有间歇性幅值为 3kV 左右的高频分量。

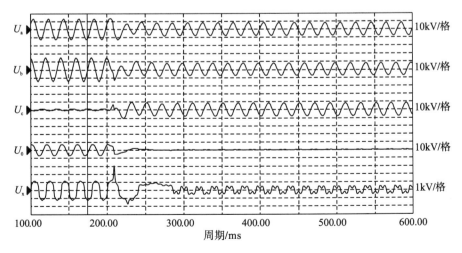

图 5-15　工况一　一次消谐器防护铁磁谐振电压波形(0.038μF、SiC 一次消谐器、#1PT)

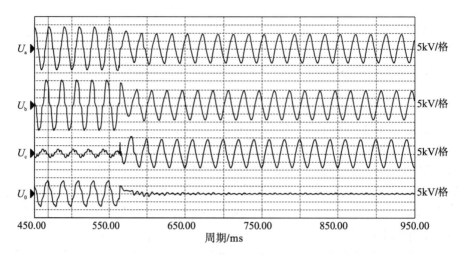

图 5-16　工况二　一次消谐器防护铁磁谐振电压波形（0.55μF、SiC 一次消谐器、#1PT）

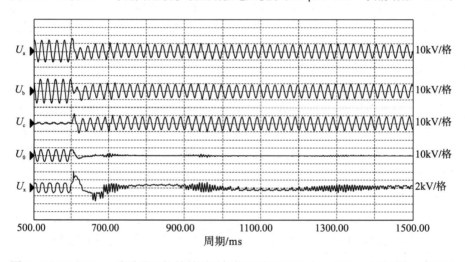

图 5-17　工况三　一次消谐器防护铁磁谐振电压波形（2.33μF、SiC 一次消谐器、#1PT）

下面展示#2PT 不同工况下铁磁谐振电压波形。

工况四：每相对地电容为 0.038μF，#2PT。加装一次消谐器后各相电压和零序电压波形如图 5-18 所示，接地恢复后，零序电压在 40ms 内降到 0.5kV 左右。此工况下，一次消谐器有效地抑制了工频谐振的发生。

工况五：每相对地电容 0.09μF，#2PT。在没有一次消谐器的情况下，C 相金属性接地可激发稳定的工频谐振，过电压幅值为 17.5kV。加装一次消谐器后各相电压、零序电压和一次消谐器端电压 U_x 波形如图 5-19 所示，正常运行时，消谐器电压 U_x 峰值为 0.4kV；接地时，U_x 峰值为 2.3kV；接地恢复后，U_x 峰值为 2.8kV，随后在 150ms 内迅速下降，并有稳定的幅值不超过 1kV 的纹波。此工况下，一次消谐器有效地抑制了工频谐振的发生。

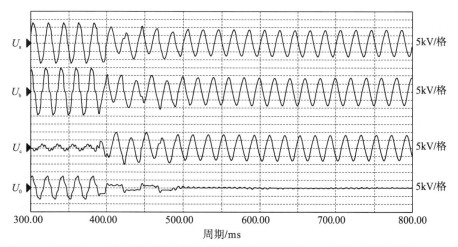

图 5-18　工况四　一次消谐器防护铁磁谐振电压波形(0.038μF、SiC 一次消谐器、#2PT)

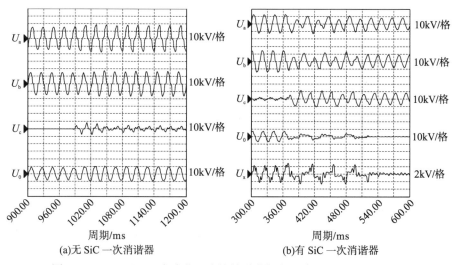

(a)无 SiC 一次消谐器　　　　　　　　(b)有 SiC 一次消谐器

图 5-19　工况五　一次消谐器防护铁磁谐振电压波形(0.09μF、#2PT)

工况六：每相对地电容为 0.55μF，#2PT。在没有一次消谐器的情况下，C 相金属性接地可激发稳定的二分频谐振，过电压幅值为 14.8kV。加装一次消谐器后各相电压和零序电压波形如图 5-20 所示，接地恢复后，零序点电压在 40ms 内降到 1kV 左右。此工况下，一次消谐器有效地抑制了工频谐振的发生，但不是很彻底。

从以上分析结果来看，可得到以下结论。

工况一、工况二和工况三是针对#1PT 在不同对地电容下 SiC 一次消谐器消谐效果，工况四、工况五和工况六是针对#2PT 在不同对地电容下 SiC 一次消谐器消谐效果。SiC 一次消谐器在三相系统参数平衡情况下消谐效果良好，但是在 PT 励磁特性很差或对地电容很高的情况下，SiC 一次消谐器消谐性能变弱，零序电压含有低幅值纹波，故障恢复后一次消谐器电压幅值范围为 2.8～4.6kV。

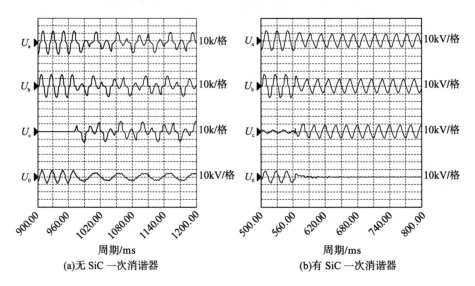

(a)无 SiC 一次消谐器　　　　　　　　(b)有 SiC 一次消谐器

图 5-20　工况六　一次消谐器防护铁磁谐振电压波形(0.55μF、#2PT)

2. 参数不平衡

下面展示参数不平衡时铁磁谐振电压波形。

工况一：A 相和 B 相对地电容为 0.09μF，C 相无电容，#1PT。加装一次消谐器后各相电压和零序电压波形如图 5-21 所示，接地故障恢复后，激发稳定的工频谐振，三相过电压幅值高达 20kV，一次消谐器不起任何抑制作用。

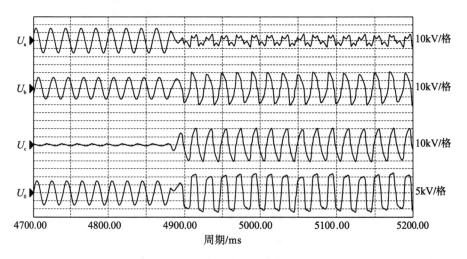

图 5-21　工况一　一次消谐器防护铁磁谐振电压波形(0.09μF、C 相无电容、#1PT)

工况二：每相对地电容为 0.09μF，#1PT，A 相 PT 断线。加装一次消谐器后各相电压和零序电压波形如图5-22所示，接地故障恢复后，激发稳定的工频谐振，B、C 相过电压幅值高达 28kV，一次消谐器不起任何抑制作用。

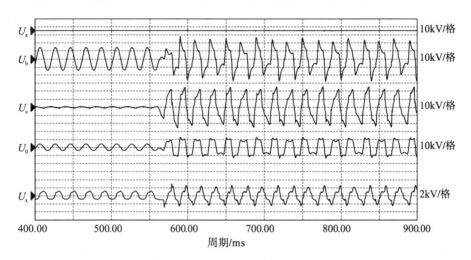

图 5-22　工况二　一次消谐器防护铁磁谐振电压波形(0.09μF、A 相 PT 断线、#1PT)

工况三：A 相和 C 相对地电容为 0.09μF，B 相无电容，#2PT。加装一次消谐器后各相电压和零序电压波形如图5-23所示，接地恢复后，工频谐振仍然发生过电压幅值达 17kV。此工况下，一次消谐器有效地抑制了工频谐振。

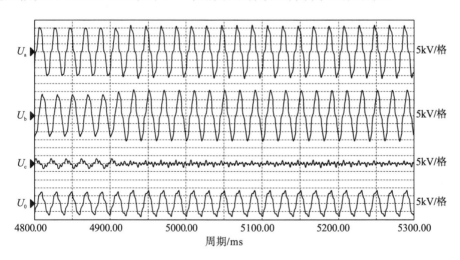

图 5-23　工况三　一次消谐器防护铁磁谐振电压波形(A 相和 C 相 0.09μF、B 相无电容、#2PT)

从以上分析结果来看，可得到以下结论。

工况一和工况三是验证单相对地电容缺失下一次消谐器消谐效果，工况二是验证单相 PT 在不同对地电容下 SiC 一次消谐器消谐效果。从分析结果看，三相参数不平衡时，SiC 一次消谐器无防护铁磁谐振能力，系统过电压幅值高达 28kV。

由此可知，系统三相电压不平衡较为严重时，如对地电容不平衡，导致系统中性点偏移，SiC 一次消谐器存在失效风险，无法抑制铁磁谐振。此外，容抗较大时，SiC 一次消谐器的防护性能会降低。

5.3.2　消弧线圈消谐性能试验

在中性点接有消弧线圈的系统中，用脱谐度来衡量消弧线圈电流和输电线路电容电流的相对大小。图 5-24(a)所示为脱谐度为 12%时铁磁谐振相电压和零序电压试验波形图。C 相金属性接地，每相对地电容为 1.16μF，电容电流为 6.6A，PT 中性点直接接地，试验变压器中性点经消弧线圈接地。无消谐装置时这种试验条件下单相接地故障可激发稳定的二分频谐振，在同样的试验条件下，系统中性点加装消弧线圈 DKSC-1100/38.5。消弧线圈的参数为：起调点 30%，额定电流为 50A，调流范围为 15～50A，共 9 挡，本试验采用 5 挡，折算到 10kV 下，消弧线圈电流为 7.4A，处于过补偿运行。在图 5-24(a)中，消弧线圈有效地抑制了分频谐振的发生，C 相接地故障恢复以后，零序电压在 100ms 内恢复到零，各相电压恢复正常。

图 5-24(b)所示为脱谐度为 280%时铁磁谐振相电压和零序电压试验波形。电容电流为 1A，PT 中性点直接接地。消弧线圈运行到 1 挡，折算到 10kV 下，消弧线圈电流为 3.8A，处于过补偿运行。在图 5-24(b)中，消弧线圈有效地抑制了分频谐振的发生，C 相接地故障恢复以后，零序电压在 300ms 内恢复到零，各相电压恢复正常。在接地恢复瞬间出现 1.6 倍相电压。

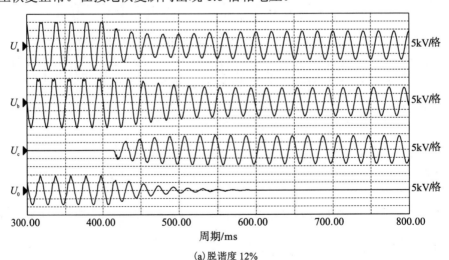

(a)脱谐度 12%

图 5-24　消弧线圈抑制铁磁谐振试验波形

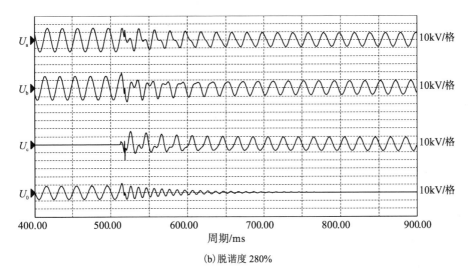

(b) 脱谐度 280%

图 5-24　消弧线圈抑制铁磁谐振试验波形(续)

从上面对比试验结果来看，不同的输电线路下，应参考脱谐度选择合适的消弧线圈。采用消弧线圈抑制铁磁谐振必须参考脱谐度的大小，合理的脱谐度可有效地抑制铁磁谐振，脱谐度选择不合适可引发过电压或线性谐振。由于消弧线圈投资大，因此在选择消弧线圈时，需采用预调式，预调式可能导致三相电压不平衡等问题。

5.3.3　二次消谐器消谐性能试验

二次消谐器基本原理是监测 PT 开口三角电压，当满足某些条件时，如当检测到开口三角出现高于某一阈值电压后，认为系统故障，装置判断故障状态为接地、过电压或铁磁谐振，消谐装置在 PT 开口三角处接入一个电阻以吸收、旁路谐振能量，从而消除谐振。消谐电阻只有当装置判断系统发生铁磁谐振时才会投入。二次消谐装置多采用大功率的电子开关器件投切消谐电阻。正常运行时，可控硅呈高阻态，当发生铁磁谐振时，装置检测到 17Hz、25Hz、50Hz、150Hz 的谐振信号，触发可控硅导通，接入消谐电阻，消除铁磁谐振。可控硅导通后动态电阻在 0.1Ω 以下，导通持续时间一般在 100ms 以内。

下面以不同工况下投入二次消谐器后试验系统电压波形为例说明二次消谐器的消谐性能。

1. 参数平衡

下面展示#1PT 不同工况下铁磁谐振电压波形。

工况一：每相对地电容为 0.18μF，#1PT，C 相金属性接地。各相电压波形如图 5-25 (a) 所示，二次消谐器有效地抑制了工频谐振的发生，C 相接地故障恢复以后，零序电压在 15ms 内恢复到零，各相电压恢复正常。

工况二：每相对地电容为 0.275μF，#1PT，C 相金属性接地。各相电压波形如图 5-25（b）所示，二次消谐器有效地抑制了分频谐振的发生，C 相接地故障恢复以后，零序电压在 40ms 内恢复到零，各相电压恢复正常，过电压幅值最高为 10kV。

工况三：每相对地电容为 2.33μF，#1PT，C 相金属性接地。各相电压波形如图 5-25（c）所示，二次消谐器频繁动作后，C 相金属性接地恢复引发 4 分频谐振，二次消谐器动作，消谐电阻切除后，发生持续的 6 分频谐振，相电压幅值高达 13kV，零序电压幅值为 2kV。

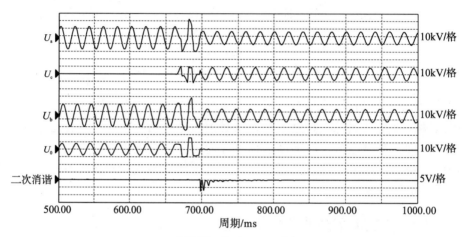

(a) 工况一（0.18μF，#1PT）

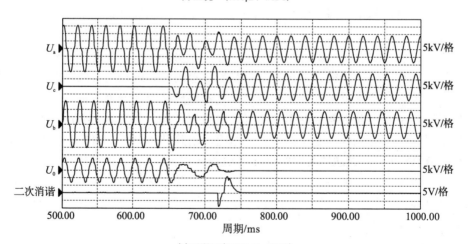

(b) 工况二（0.275μF，#1PT）

图 5-25   #1PT 不同工况下铁磁谐振电压波形

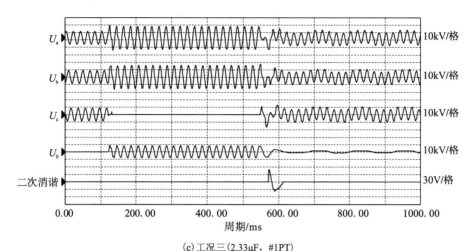

(c) 工况三 (2.33μF, #1PT)

图 5-25　#1PT 不同工况下铁磁谐振电压波形 (续)

图 5-26 所示为#2PT 铁磁谐振电压波形。每相对地电容为 0.077μF, #2PT, C 相金属性接地。从结果可以看出, 在此工况下, 二次消谐器不起作用, 单相接地故障恢复后, 工频谐振不能消除。零序电压 U_0 峰值为 11kV, 二次消谐器未启动。

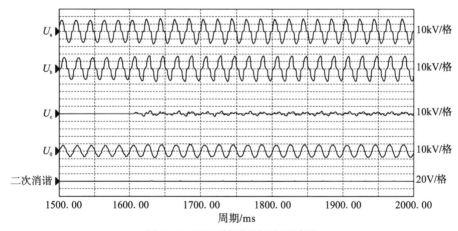

图 5-26　#2PT 铁磁谐振电压波形

#1PT 工况一、工况二和工况三是在不同对地电容下二次消谐器的消谐效果。工频谐振、高频谐振如能有效判别, 40ms 内基本消除铁磁谐振。1/2 分频谐振防护性能优于 1/3/、1/4······分频谐振, 因消谐电阻的短接时间、短接扰动等原因, 防护能力有失效的风险。检测零序电压型微机二次消谐装置, 对分频谐振、高频谐振能正确判别, 但对工频谐振判断困难, 因此如何有效、快速地判断铁磁谐振的发生是二次消谐器的关键点。

但是在某些工况下，二次消谐器会失效，如工况三。由于二次消谐器的吸收能力不足，未能完全吸收谐振能量，因此 PT 仍处于铁磁谐振状态不能被有效识别；由于参数匹配，原可能的 4 分频谐振转化为 6 分频谐振，而二次消谐装置无法识别 6 分频谐振。二次消谐器多次失效的原因在于未能判断出铁磁谐振的存在，如消谐电阻不能吸收谐振能量，不能抑制 PT 饱和，或者二次消谐器不能判断工频谐振过电压和接地引起的过电压之间的区别，也就不能消除铁磁谐振。

2. 参数不平衡

图 5-27 所示为#1PT 不同工况下铁磁谐振电压波形。

工况一：A 相和 B 相对地电容均为 0.045μF，C 相电容缺失，#1PT。各相电压波形如图 5-27(a)所示，二次消谐器频繁动作后，稳定的二分频谐振总是会被再次激发，过电压幅值高达 30kV。由于系统不平衡电压较高，消谐电阻切除后，PT 即处于饱和状态，从而引发谐振。

工况二：B 相和 C 相对地电容均为 0.045μF，A 相 PT 断线，#1PT。消谐电阻频繁动作，各相电压波形如图 5-27(b)所示，二次消谐器反复接入并断开，导通时间为 100ms，消谐器每次断开后铁磁谐振总是会被再次激发，过电压幅值高达 18kV。这说明二次消谐器在一些试验条件下也会失效。

工况三：每相对地电容为 0.077μF，C 相对地再串联 0.55μF 电容，#2PT。各相电压波形如图 5-27(c)所示，稳定的工频谐振被激发，二次消谐器不起作用。工频谐振发生时，开口三角电压约为 110V，低于二次消谐装置的动作电压，消谐器未输出消谐动作，不能消除谐振。

图 5-28 所示为#2PT 铁磁谐振电压波形。每相对地电容为 0.18μF，#2PT，A 相 PT 断线，C 相金属性接地。从结果显示，单相接地故障恢复后，工频谐振不能消除。零序电压 U_0 峰值为 6kV，二次消谐器未启动。

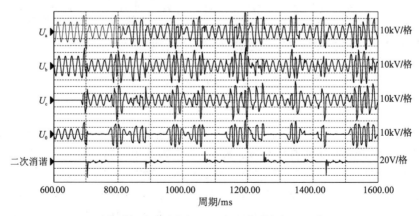

(a)工况一（A、B 电容 0.045μF，C 相无电容，#1PT）

图 5-27　#1PT 不同工况下铁磁谐振电压波形

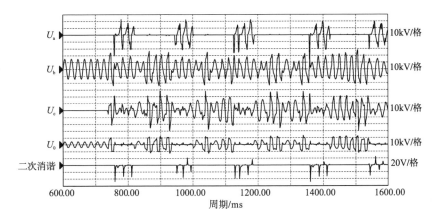

(b) 工况二(A 相 PT 断线，B、C 相电容 0.045μF，#1PT)

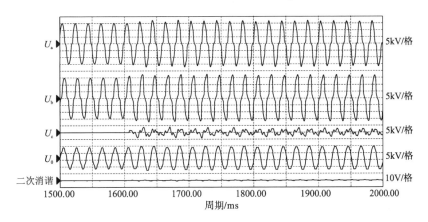

(c) 工况三(0.077μF，C 相再串联 0.55μF，#2PT)

图 5-27　#1PT 不同工况下铁磁谐振电压波形(续)

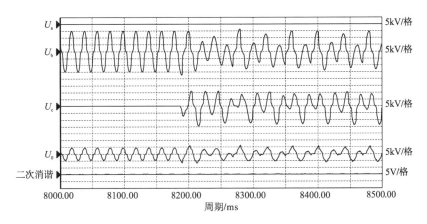

图 5-28　#2PT 铁磁谐振电压波形

　　#1PT 工况一、工况二和工况三是针对三相参数不平衡时二次消谐器消谐效果，单相电容缺失，电容不相等或单相 PT 断线时，二次消谐器频繁动作后，铁磁谐振总是会被再次激发，三相过电压幅值高达 30kV。这表明二次消谐器不能消除三相不平衡或 PT 断线情况下的谐振。

　　二次消谐装置中消谐电阻不能选太大，防止过热，也不能选太小，否则将失去消谐性能。导通持续时间一般在 100ms 以内。

第6章　配电网铁磁谐振仿真计算与分析

6.1　仿真软件介绍

从 20 世纪 70 年代中期起，电力系统仿真分析软件 EMTDC（Electro Magneric Transientin in DC System）就成了一种暂态模拟工具。它的原始灵感来源于赫曼·多摩博士 1969 年 4 月发表于电力系统学报上的 IEEE 论文，来自世界各地的用户需求促成它现在的发展。

Dennis Woodford 博士于 1976 年在加拿大曼尼托巴水电局开发完成了 EMTDC 的初版，是一种世界各国广泛使用的电力系统仿真软件，PSCAD（Power System Computer Aided Design）是其用户界面。PSCAD 的开发成功，使用户能更方便地使用 EMTDC 进行电力系统分析，使电力系统复杂部分可视化成为可能，而且软件可以作为实时数字仿真器的前置端，可模拟任意大小的交直流系统。操作环境为 UNIX OS、Windows 95、Windows 98、Windows NT 等操作系统，以及 Fortran 编辑器、浏览器、TCP/IP 协议。

6.1.1　技术背景

EMTDC 是目前世界上被广泛使用的一种电力系统仿真分析软件，它既可以研究交直流电力系统问题，又是能完成电力电子仿真及其非线性控制的多功能（Versatile Tool）工具。PSCAD 是 EMTDC 的前处理程序，用户在面板上可以构造电气连接图，输入各元件的参数值，运行时则通过 Fortran 编译器进行编译、连接，运行的结果可以随着程序运行的进度在 PLOT 中实时生成曲线，以检验运算结果是否合理，并能与 MATLAB 接口。EMTDC/PSCAD 的主要功能是进行电力系统时域和频域计算仿真，其典型应用是计算电力系统遭受扰动或参数变化时，电参数随时间变化的规律；另外，EMTDC/PSCAD 不仅可以广泛地应用于高压直流输电、FACTS 控制器的设计、电力系统谐波分析及其电力电子仿真，还可以作为实时数字仿真器（Real Time Digital Simulator，RTDS）的前置端（Front End）。此外，EMTDC/PSCAD 具有强大的自定义功能，用户可以根据自己的需要创建具有特定功能的装置。实时回放系统（RTP）是基于 EMTDC/PSCAD 软件的测试系统，它可以结合 EMTDC/PSCAD 计算产生的结果（信号）来测试继电保护系统、控制系统及监控系统。

6.1.2   主要的研究范围

EMTDC/PSCAD 在时间域描述和求解完整的电力系统及其控制的微分方程(包括电磁和机电两个系统)。这一类的模拟工具不同于暂态视定的模拟工具,后者是用稳态解去描述电路(即电磁过程)。但是在解电机的机械动态(即转动惯量)微分方程时,EMTDC/PSCAD 的结果是作为时间的即时值被求解。但通过内置的转换器和测量功能(快速傅里叶变换频谱分析等),这些结果能被转换为矢量的幅值和相角。

实际系统的测量能够通过很多途径来完成。由于潮流和稳定的程序通过稳定方程来代表,它们只能基频段幅值和相位。因此 PSCAD 的模拟结果能够产生电力系统所有频率的相应,限制仅在于用户自己选择的时间步长。这种时间步长可以在毫秒到秒之间变化。

典型的研究包括以下内容。

(1)研究电力系统中由于故障或开关操作引起的过电压。它也能模拟变压器的非线性(即饱和)这一决定性因素。

(2)多运行工具(Multiple run facilities)经常用来进行数以百计的模拟,从而在下列不同情况下发生故障时出现最坏的情况。故障发生在波形的不同位置,故障的类型不同,故障点也不同。

(3)在电力系统中找出由于雷击发生的过电压。这种模拟必须用非常小的时间步长来进行(毫微秒级)。

(4)研究电力系统由于 SVC、高压直流接入、STATCOM、机械驱动(事实上任何电力电子装置)所引起的谐波。这里需要详细的可控硅、GTO、IGBT、二极管等的模型及相关的控制系统模型(模拟量的和数字量的两种类型)。

(5)对给定的扰动,找出避雷器中最大能量。

(6)调整和设计控制系统以达到最好的性能;多重运行工具常被用来同时自动调整增益和时间常数。

(7)当一个大型涡轮发电机系统与串联补偿的线路或电力电子设备互相作用时,研究次同步谐振的影响。

(8)一个大型涡轮发电或电压源转换器的建模,以及它们相关控制的详细建模。

(9)研究 SVC HVDC 和其他非线性设备之间的相互作用。

(10)研究在谐波谐振、控制、交互作用下引起的不稳定性。

(11)研究柴油机和风力发电机对电力网的冲击影响。

(12)绝缘配合。

(13)各种类型可变速装置的研究,包括双向离子变频器、运输和船舶装置。

(14)工业系统的研究,包括补偿控制、驱动、电炉、滤波器等。

(15) 对孤立负荷的供电。

6.1.3　目前应用情况

新版的 EMTDC/PSCAD 不仅有工作站版 (Workstation)，还有微机版 (PC 版)，其大规模的计算容量、完整而准确的元件模型库、稳定高效率的计算内核、友好的界面和良好的开放性等特点，已经被世界各国的科研机构、大学和电气工程师所广泛采用。我国清华大学、浙江大学、中国电力科学研究院和南京自动化研究所、云南电科院等都相继引进了 EMTDC/PSCAD、RTP 和 RTDS。

MATLAB 虽然使用很方便，但所得出的仿真结论在行业内的认可程度很低。而 EMTDC/PSCAD 因拥有完整全面的元件库、稳定的计算流程、友好的图形界面，使它在全世界得到了广泛应用。在我国，电磁暂态程序中用得最多的也是 PSCAD。

6.1.4　各版本限制

EMTDC/PSCAD 版本信息如表 6-1 所示。

表 6-1　EMTDC/PSCAD 版本信息

	学生版 (Student)	教育版 (Educational)	专业版 (Professional)
电气子系统	1	1	无限制
电气节点	15	200	无限制
页面模块	5	64	1024
元件	32 768	32 768	65 536

6.2　电磁式电压互感器铁磁谐振仿真计算与分析

电磁式电压互感器铁磁谐振激发的条件有线路发生雷击、单相弧光接地消失、合空载母线、负荷剧烈变化、线路断线等电磁暂态冲击过渡过程。铁磁谐振的激发条件中因线路断线引起的铁磁谐振与其他因素不同，因此重点进行了单相接地和线路断线引起的铁磁谐振及防护技术仿真分析[52]。

6.2.1　基本模型

利用 EMTDC/PSCAD 电磁暂态计算软件建立的铁磁谐振仿真模型如图 6-1 所示。

在仿真模型中，变压器模型采用"三相电压源模型 (Three-Phase Voltage Source Model 2)"容量为 1MVA，高压侧为 110kV、星形接地，低压侧为 10kV、三角形接法。

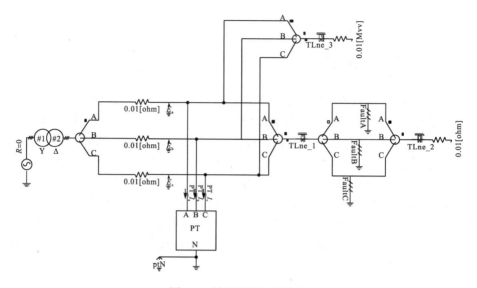

图 6-1   铁磁谐振仿真模型

　　接地故障模型采用"单相故障(Single Phase Fault)"，接地电阻为 0.01Ω；控制模块采用"时控故障逻辑(Timed Fault Logic)"，用来控制接地故障的开通和关断；故障相在 0.1s 时接地，接地时间为 0.1s，0.2s 时恢复故障。

　　输电线路模型采用"架空输电杆塔(Overhead Line Towers)"中的"3L1"。在实际的 10kV 配电系统中，架空线的输送容量为 0.1～2MVA，输送距离为 6～20km。这里的仿真模型中输电线路长度为自定，调整其长度可实现不同频率的分频谐振的仿真。这里模型中采用两条 10kV 输电线路，一段母线电容电流为 9.7A，二段母线电容电流为 14A。根据架空线电容电流测试，该架空线的电容特性为 0.01625μF/km。仿真中根据实际母线电容电流设置架空线长度，故障点设置在一段线路的中点。

　　电磁式电压互感器(PT)的模型采用"单相双绕组 UMEC 变压器(1-Phase 2-Winding UMEC Transformer)"，如图 6-2 所示，输入离散的伏安特性参数来实现其非线性特性的建模，计算过程中通过插值和分段线性化的方式来逼近 PT 在实际中的励磁特性。PT 的容量、空载损耗和铜损设置如图 6-3 所示，其值根据 PT 参数和试验计算而得。

　　实际仿真过程中，发现仿真软件已有的插值方式不能精确地反映 PT 的励磁特性。经过细致的研究和大量的仿真试验，发现主要是由于 PSCAD 模型中对 PT 励磁特性的计算方法与获得励磁特性曲线的实验方法的差异造成的。具体而言，在 PSCAD 仿真时都是基于对各物理量瞬时值的计算，而实验获得的励磁曲线其电压电流值都是有效值，当非线性特征越发明显时，其瞬时值与有效值的差异就越大，造成计算误差。因此，需要对 PT 励磁曲线的数据点进行修正和校验，建立 PT 电压和 PT 电流检测电路，以实现 PT 的真实励磁特性。

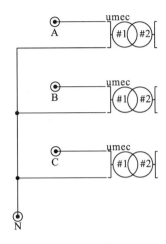

图 6-2　PT 模型

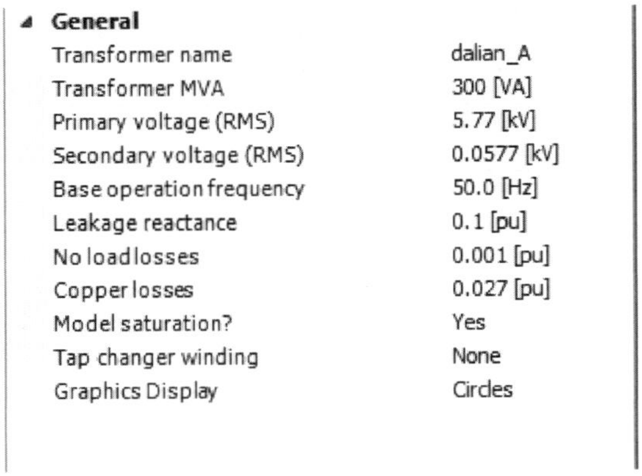

<table>
<tr><td colspan="2">▲ General</td></tr>
<tr><td>Transformer name</td><td>dalian_A</td></tr>
<tr><td>Transformer MVA</td><td>300 [VA]</td></tr>
<tr><td>Primary voltage (RMS)</td><td>5.77 [kV]</td></tr>
<tr><td>Secondary voltage (RMS)</td><td>0.0577 [kV]</td></tr>
<tr><td>Base operation frequency</td><td>50.0 [Hz]</td></tr>
<tr><td>Leakage reactance</td><td>0.1 [pu]</td></tr>
<tr><td>No load losses</td><td>0.001 [pu]</td></tr>
<tr><td>Copper losses</td><td>0.027 [pu]</td></tr>
<tr><td>Model saturation?</td><td>Yes</td></tr>
<tr><td>Tap changer winding</td><td>None</td></tr>
<tr><td>Graphics Display</td><td>Circles</td></tr>
</table>

图 6-3　PT 参数设置

Transformer name—变压器名称；Transformer MVA—变压器容量；Primary voltage(RMS)——次绕组
额定电压(有效值)；Secondary voltage(RMS)—二次绕组额定电压(有效值)；Base operation frequency—
额定频率；Leakage reactance—漏抗；No load losses—空载损耗；Copper losses—铜损

　　具体的修正和校正方法有一定的规律性。通过反复多次仿真试验，调节 PT
励磁曲线数据点，使得 PT 电压在由小变大时，PT 的电流有效值与实验测定值相
等。考虑到由于剩磁等原因，实验获得的励磁特性曲线其线性段延长线多数不过
零点，而仿真建模时需要的却是过零点的初始磁化曲线，因此，其线性段进行了
简化处理，使得 PT 励磁曲线数据表中的 3 个点来表征线性部分，其余 7 个点来
表征非线性部分。图 6-4 所示为 3 个不同型号的 PT 励磁特性。

Currents		Currents		Currents	
Point 1 - Current as a Percentage	0 [%]	Point 1 - Current as a Percentage	0 [%]	Point 1 - Current as a Percentage	0 [%]
Point 2 - Current as a Percentage	4.8 [%]	Point 2 - Current as a Percentage	32 [%]	Point 2 - Current as a Percentage	16.1 [%]
Point 3 - Current as a Percentage	7.7 [%]	Point 3 - Current as a Percentage	57 [%]	Point 3 - Current as a Percentage	25.7 [%]
Point 4 - Current as a Percentage	10.7 [%]	Point 4 - Current as a Percentage	90 [%]	Point 4 - Current as a Percentage	34.6 [%]
Point 5 - Current as a Percentage	13.7 [%]	Point 5 - Current as a Percentage	129 [%]	Point 5 - Current as a Percentage	49.1 [%]
Point 6 - Current as a Percentage	25 [%]	Point 6 - Current as a Percentage	163 [%]	Point 6 - Current as a Percentage	63 [%]
Point 7 - Current as a Percentage	67 [%]	Point 7 - Current as a Percentage	207 [%]	Point 7 - Current as a Percentage	72 [%]
Point 8 - Current as a Percentage	125 [%]	Point 8 - Current as a Percentage	260 [%]	Point 8 - Current as a Percentage	92 [%]
Point 9 - Current as a Percentage	265 [%]	Point 9 - Current as a Percentage	420 [%]	Point 9 - Current as a Percentage	101 [%]
Point 10 - Current as a Percentage	546 [%]	Point 10 - Current as a Percentage	614 [%]	Point 10 - Current as a Percentage	115 [%]
Voltages		Voltages		Voltages	
Point 1 - Voltage in pu	0 [pu]	Point 1 - Voltage in pu	0 [pu]	Point 1 - Voltage in pu	0 [pu]
Point 2 - Voltage in pu	0.44 [pu]	Point 2 - Voltage in pu	0.31 [pu]	Point 2 - Voltage in pu	0.66 [pu]
Point 3 - Voltage in pu	0.71 [pu]	Point 3 - Voltage in pu	0.54 [pu]	Point 3 - Voltage in pu	1.05 [pu]
Point 4 - Voltage in pu	0.99 [pu]	Point 4 - Voltage in pu	0.86 [pu]	Point 4 - Voltage in pu	1.53 [pu]
Point 5 - Voltage in pu	1.25 [pu]	Point 5 - Voltage in pu	1.23 [pu]	Point 5 - Voltage in pu	1.73 [pu]
Point 6 - Voltage in pu	1.36 [pu]	Point 6 - Voltage in pu	1.48 [pu]	Point 6 - Voltage in pu	1.89 [pu]
Point 7 - Voltage in pu	1.48 [pu]	Point 7 - Voltage in pu	1.7 [pu]	Point 7 - Voltage in pu	1.97 [pu]
Point 8 - Voltage in pu	1.53 [pu]	Point 8 - Voltage in pu	1.88 [pu]	Point 8 - Voltage in pu	2.11 [pu]
Point 9 - Voltage in pu	1.57 [pu]	Point 9 - Voltage in pu	2.13 [pu]	Point 9 - Voltage in pu	2.16 [pu]
Point 10 - Voltage in pu	1.61 [pu]	Point 10 - Voltage in pu	2.23 [pu]	Point 10 - Voltage in pu	2.21 [pu]

(a)型号一(#1)　　　　　　　(b)型号二(#2)　　　　　　　(c)型号三(#3)

图 6-4　PT 励磁特性

Currents—电流；Point1—点 1；Current as a Percentage—电流百分比；Voltages—电压；Voltage in pu—电压标幺值

6.2.2　一次消谐器模型

铁磁谐振一次消谐有效性仿真模型如图 6-5 所示。

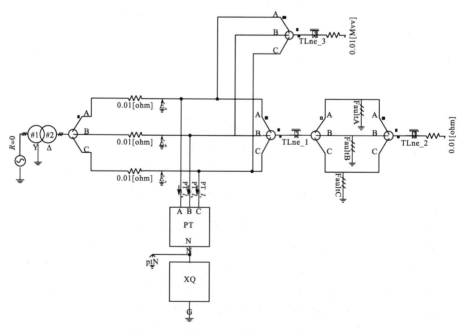

图 6-5　铁磁谐振一次消谐有效性仿真模型

仿真电路中除了在 PT 一次侧中性点加装一次消谐器外，其他电路参数设置均与铁磁谐振仿真电路相同。一次消谐器 XQ 是一个非线性的电阻，如图 6-6 所示，其伏安特性通过试验测定，与 PT 模型一样，通过输入有限个离散的伏安特性参数来完成对其真实伏安特性的逼近。不同的是，不需要对非线性电阻的伏安特性进行参数修正与校验。

某厂家 10kV 消谐器的铭牌参数如表 6-2 所示。由于半绝缘型消谐器没有明显的放电迹象，在半绝缘型消谐器放电管没有放电前，其伏安特性曲线同全绝缘型消谐器是近似的，如图 6-7 所示。

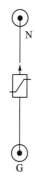

图 6-6　消谐器仿真模型

表 6-2　LXQⅡ-10(6)型 10kV 消谐器铭牌参数

型号	编号	$U_{0.5mA}$/V	U_{5mA}/V
LXQⅡ-10(6)	154410	185	485

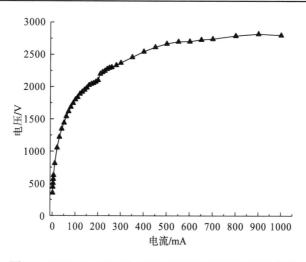

图 6-7　LXQⅡ-10(6)型 10kV 消谐器交流伏安特性曲线

6.2.3　消弧线圈模型

铁磁谐振消弧线圈消谐有效性仿真模型如图 6-8 所示。

仿真电路中除了在变压器中性点加装消弧线圈外，其他电路参数设置均与铁磁谐振仿真电路相同。

仿真电路中，消弧线圈模型由 4.72H 消弧线圈与 150Ω 阻尼电阻串联表示。单相接地发生时阻尼电阻被短路，接地恢复后阻尼电阻恢复原来的状态。

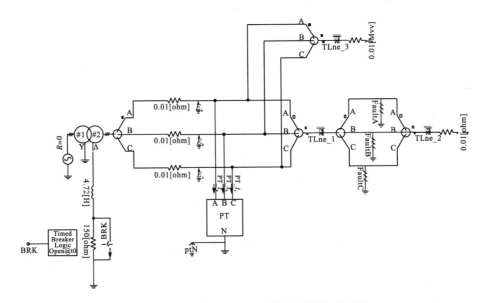

图 6-8　铁磁谐振消弧线圈消谐有效性仿真模型

6.2.4　二次消谐器模型

二次消谐本质上是检测到谐振发生后，通过将 PT 二次侧开口三角短时地短接或接入小电阻的方式来提供零序回路阻尼。除了带有二次消谐的 PT 之外，其他电路模型均与铁磁谐振仿真电路相同。带有二次消谐的 PT 模型如图 6-9 所示，PT 开口三角串接一个开关，开关的状态由控制模块事件序列开始(Start of Sequence of Events)，并设置变量(Set Variable)和等待下一事件(Wait for an Event)控制，这个串联模块的优点是可以实现开关多次的导通和关断。

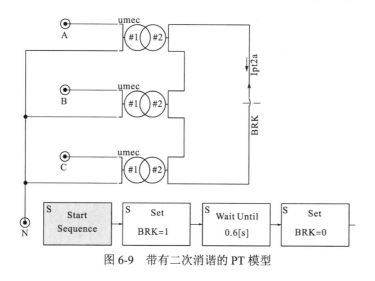

图 6-9　带有二次消谐的 PT 模型

6.2.5　接地引起的铁磁谐振仿真分析

仿真步长和仿真时间很重要，关系到结果的准确性。选择项目设置（Project Settings），在仿真时间（Runtime）设置栏中有时间设置（Time Settings）部分，其中，Duration of run（sec）为仿真时间长度，单位为秒；Solution time step（us）为仿真步长，单位为微秒；Channel plot step 为设置所画波形图的采样时间间隔，即过多长时间画一个点，单位为微秒，一般为仿真步长的整数倍。

当仿真模型中有架空线等分布参数模型时，仿真步长必须小于分布参数模型的最小时间单位；同时仿真步长不能太小，否则节点数过大，会增加计算误差和计算时间，效率低下。仿真时间视具体研究的问题而定，一般只需在仿真时间内能研究到波形的一般特征即可，如幅值、上升时间和下降时间等。

本节仿真步长一般设置为 5μs，有架空线分布参数模型时为 1μs，有雷电流模型时设为 0.5μs。

1. 分频谐振分析

设置好参数，运行铁磁谐振仿真模型。改变电容值，进行多次仿真，可得到不同频率的铁磁谐振波形。图 6-10 所示为 1/2 分频谐振波形，其中图 6-10(a) 所示为系统三相对地电压和零序电压波形,图 6-10(b) 所示为电压互感器电流和零序电流波形；图 6-11 所示为 1/3 分频谐振波形；图 6-12 所示为 1/4 分频谐振波形。

从图 6-10～图 6-12 中可知，接地故障发生时，故障相电压变为零，非故障相电压升高 1.732 倍，变为线电压。分频谐振发生时，系统线电压波形完好，相电压波形畸变，中性点电压发生偏移。不难看出，分频谐振过电压倍数一般为 1.1～1.7，但 PT 过电流非常明显，其峰值甚至可达 2.5A。相比于 1/2 分频谐振，1/3、1/4 分频谐振幅值明显偏低，而且更难以持续，这与系统的实际情况是相符的。

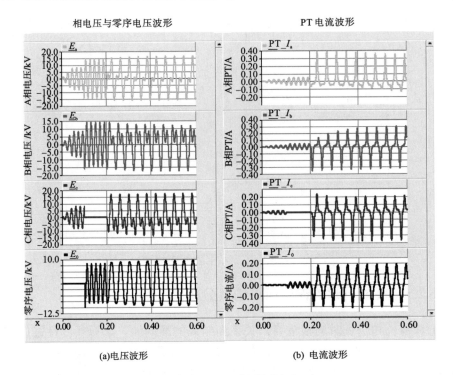

图 6-10 1/2 分频谐振波形

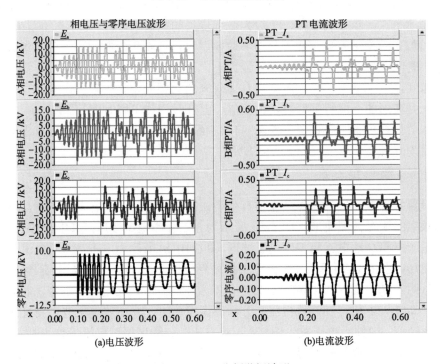

图 6-11 1/3 分频谐振波形

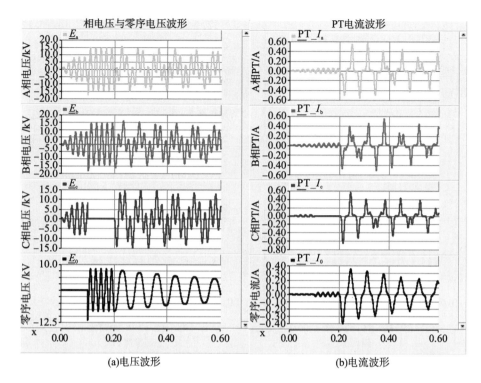

图 6-12　1/4 分频谐振波形

　　仿真还利用了集中电容来代替输电线路。通过改变线路对地电容值,多次仿真后可得到不同频率的铁磁谐振发生时的接地电容范围。当每相接地电容不小于 0.2μF 时,单相接地恢复后往往可以激发持续而稳定的分频谐振;当每相接地电容大于 1.2μF 时,分频谐振往往不能长久维持,伴随着幅值的衰减,其振荡频率也不断降低。每相接地电容值为 0.2~0.4μF 时可激发 1/2 分频谐振,在 0.5μF 附近时可激发 1/3 分频谐振,在 0.7~1μF 时可激发 1/4 分频谐振。

　　需要说明的是,同样的 PT,分频谐振也并非是一定能够激发的,谐振过电压幅值与故障恢复的时刻、系统的阻尼等都有关。在各相 PT 励磁特性不对称度较大时,其情形会更加复杂。

　　将分频谐振 A 相电压和零序电压波形数据导入 Origin(数据处理软件)进行频谱分析,如图 6-13 所示。可以发现,相电压波中仍以基波分量为主,谐振频率分量次之,而零序电压中以谐振频率分量为主。

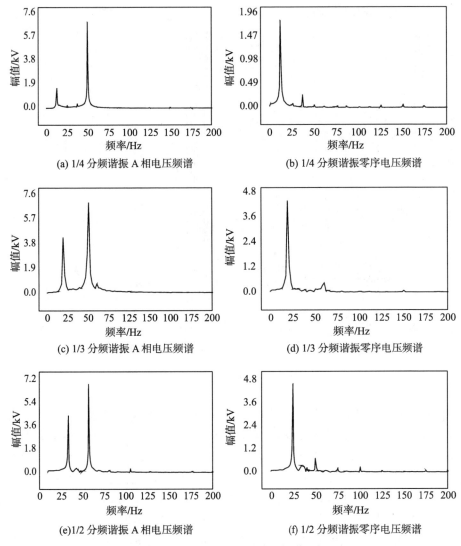

(a) 1/4 分频谐振 A 相电压频谱

(b) 1/4 分频谐振零序电压频谱

(c) 1/3 分频谐振 A 相电压频谱

(d) 1/3 分频谐振零序电压频谱

(e)1/2 分频谐振 A 相电压频谱

(f) 1/2 分频谐振零序电压频谱

图 6-13　分频谐振电压波形频谱分析

　　同理，对分频谐振 A 相 PT 电流进行的频谱分析，如图 6-14 所示。其主要的频率分量都是谐振频率的整数倍，谐振频率越低，频率成分就越丰富。

　　2. 工频谐振分析

　　设置合适的输电线路长度，进行多次仿真，可得到工频的铁磁谐振波形，如图 6-15 所示，其中，图 6-15(a)所示为系统三相对地电压和零序电压波形，图 6-15(b)所示为电压互感器电流和零序电流波形。工频谐振时两相电压较高、PT 饱和，过电压倍数一般为 2.3～2.8。将输电线路改为集中电容值，可发现其工频谐振区间为 0.1～0.18μF。

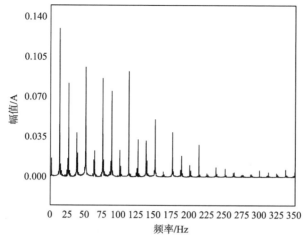

(a) 1/4 分频谐振 PT 电流频谱

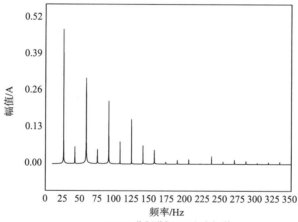

(b) 1/3 分频谐振 PT 电流频谱

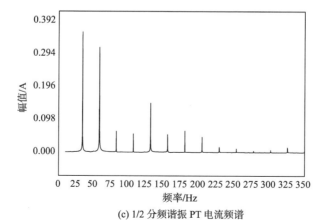

(c) 1/2 分频谐振 PT 电流频谱

图 6-14　分频谐振 PT 电流波形频谱分析

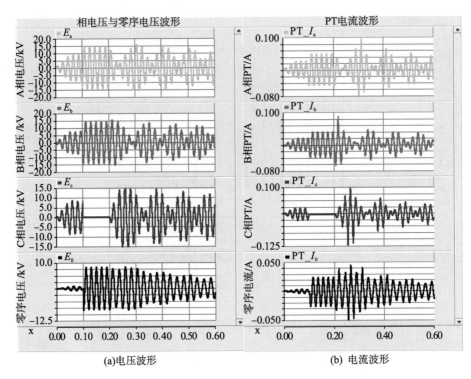

图 6-15   工频谐振波形

工频谐振与分频不一样，有虚接地现象，其三相电压及零序电压频谱，以及 PT 电流的三相频谱及零序频谱如图 6-16 所示。幅值较高的两相电压以工频成分为主，幅值较低的单相电压波形具有较多的谐波成分。同样，三相 PT 中的电流波形并不对称，未饱和的 PT 电流较小，除了基波分量外还含有直流成分；深度饱和的 PT 电流较大，除了基波分量外还含有较大的三次、五次谐波分量。

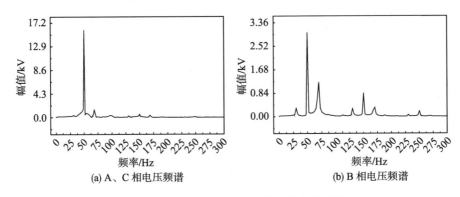

图 6-16   工频谐振典型电流波形的频谱分析

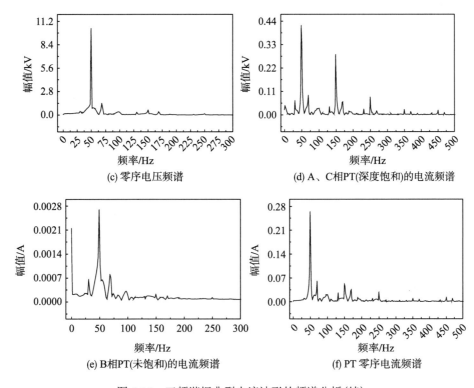

图 6-16　工频谐振典型电流波形的频谱分析(续)

3. 高频谐振分析

#1 电压互感器的励磁特性相对较好，在仿真中没有发现高频谐振现象，因此高频谐振的仿真采用#3 电压互感器。高频铁磁谐振波形如图 6-17 所示，其中图 6-17(a) 所示为系统三相对地电压和零序电压波形，图 6-17(b) 所示为电压互感器电流和零序电流波形。

接地电容值在 0.03μF 以下时可能激发高频谐振，电容量越小谐振频率越高。但是由于储能的减少，当无法向系统提供充分的扰动时，谐振就不会发生，经多次仿真试验，发现当电容值小于 0.005μF 时不再有谐振现象出现，如图 6-18 所示。谐振过电压可达到 4 倍额定电压。

PT 励磁特性是影响铁磁谐振发生的重要因素。在电力系统受到扰动而产生过电压时，励磁特性较差的 PT，更容易发生饱和，造成励磁阻抗的明显下降，继而引发铁磁谐振。将上述仿真工程中的 PT 更换为励磁特性更好的#1 电压互感器，在其他参数不变的情况下进行仿真，单相接地恢复瞬间其谐振频率更低，过电压幅值和 PT 电流值也明显变小，一般经过 1s 左右 PT 电流就衰减至正常水平，2s 左右电压恢复至正常状态。

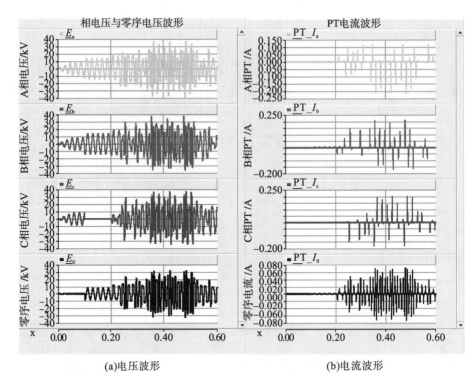

(a)电压波形　　　　　　　　　　　(b)电流波形

图 6-17　高频铁磁谐振波形

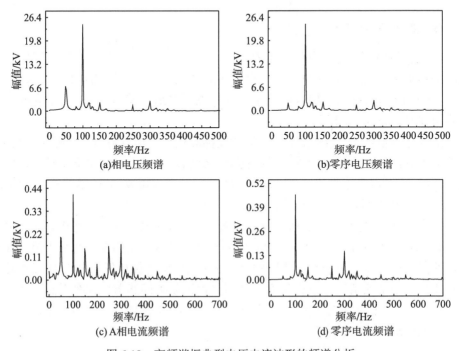

(a)相电压频谱　　　　　　　　　　(b)零序电压频谱

(c)A相电流频谱　　　　　　　　　　(d)零序电流频谱

图 6-18　高频谐振典型电压电流波形的频谱分析

并联 PT 组数多少也会影响铁磁谐振的发生。同一母线上并联多组 PT 时,其等效励磁阻抗会变小,使得系统受到扰动时更容易达到谐振条件;同时等效直流电阻也会变小,一旦谐振发生,由于零序回路的阻尼较小,无法令谐振迅速衰减,从而使得谐振维持较长时间,因此会对系统造成较大危害。

6.2.6　断线引起的铁磁谐振仿真分析

通常断线引起的谐振过电压不仅仅是指单纯的断线引起的谐振过电压,而是泛指断路器非全相动作或严重不同期,熔断器一相或两相熔断,断线导线一端接地等原因造成系统非全相运行所出现的非线性谐振过电压。

在实际网络中,非全相运行的情况十分复杂,可组成多种多样的串联谐振电路。具体原理在之前的章节已有阐述,概括来说,断线谐振回路是由线路相间电容和对地电容与电压互感器电感、配电变压器电感或消弧线圈电感所组成的。因配电变压器绕组是谐振回路中的铁芯元件,如果配电变压器次级皆有负载,则相当于在励磁电感两端并联了一个起阻尼作用的电阻。因此只有配电变压器处于空载或轻载时,才有可能发生断线谐振[53]。

本节着重介绍断线引起的电压互感器与线路的谐振问题。

在前面的建模基础上,将线路接地故障改为断线故障。10kV 线路长 10km。其他仿真模型与前面基本相同。

断线位置为 3 处,线路靠近变电站 100m(线路长 1%)处,线路中点及线路靠近配电变压器侧 100m(线路长 1%)处。分别在此 3 处断线位置进行仿真,分析站内谐振过电压的幅值。

仿真不考虑配电变压器的饱和问题,即默认断线期间配电变压器不饱和,这样有利于探讨断线引起的 PT 和线路铁磁谐振的规律。因此 10kV 线路末端仅接 100kVA 的负载。

PT 模型采用型号 1,A、B 和 C 三相电抗分别为 1.02MΩ、1.05MΩ 和 0.89MΩ。断线类型分别为 A 相断线、A 相断线负载侧接地和 A 相断线且电源侧接地,其仿真电路如图 6-19 所示。

1. 单相断线分析

运行图 6-19 中的电路模型,仿真时间设为 0.5s,0.1s 时 A 相断线。图 6-20 所示为 A 相线路靠近变电站 100m 处断线时变电站内系统相电压波形和 PT 电流波形。图中波形显示,断线后,A、B 和 C 三相谐振过电压幅值分别达到 20kV、12.1kV 和 14.9kV;A、B 和 C 三相 PT 电流幅值分别达到 2.5A、0.24A 和 1.5A;零序电压幅值达到 11kV。B 相 PT 电流明显比其他两相小。

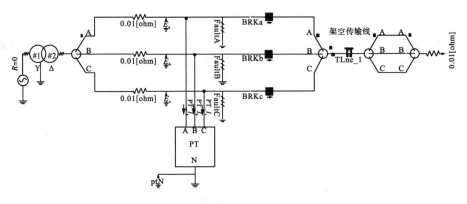

图 6-19　断线引起的铁磁谐振仿真电路

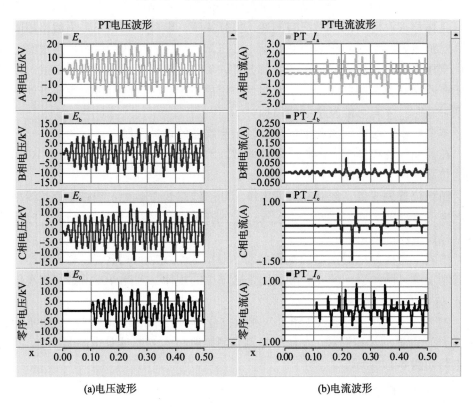

(a)电压波形　　　　　　　　　　　　　　(b)电流波形

图 6-20　线路首端断线谐振过电压(单相断线)

　　改变断线位置，分别在线路中部和线路靠近配电变压器侧 100m 处仿真，得到的结果为：在线路中部，A、B 和 C 三相谐振过电压幅值分别达到 10.9kV、7.9kV 和 8kV，A、B 和 C 三相 PT 电流幅值分别达到 0.08A、0.013A 和 0.011A。在配电变压器侧，断线后的波形和断线前无明显区别，零序电压幅值在 0.3kV 以内。

　　仿真结果显示，当远离变电站的线路发生单相断线时，线路和 PT 引起的谐振过电压幅值将迅速降低。

2. 两相断线分析

故障设置为 A 相与 B 相同时断线，仿真时间设为 0.5s，0.1s 时 A 相和 B 相断线。图 6-21 所示为靠近变电站 100m 处断线时变电站内系统相电压波形和 PT 电流波形。图中波形显示，断线后，A、B 和 C 三相谐振过电压幅值分别达到 29kV、35kV 和 24kV；A、B 和 C 三相 PT 电流幅值分别达到 4.2A、4.8A 和 5A；零序电压幅值达到 26kV。在实际运行过程中，这类故障发生后容易造成 A、B 相接地短路，继电保护装置应该立即动作，切除电路，以防止电压幅值过高。

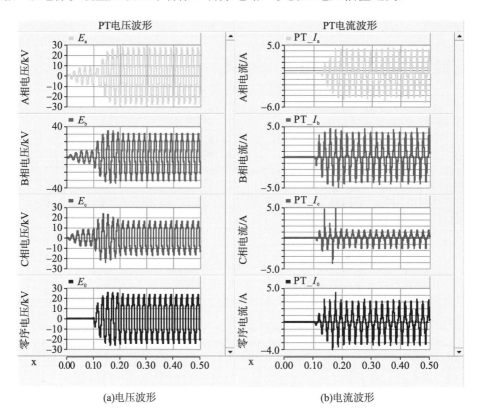

(a)电压波形　　　　　　　　　　　　(b)电流波形

图 6-21　线路首端断线谐振过电压(两相断线)

6.2.7　接地引起的铁磁谐振防护技术仿真分析

1. 一次消谐防护技术仿真分析

对 PT 中性点加装一次消谐器的铁磁谐振进行仿真建模。图 6-22 所示为 PT 中性点加装一次消谐器后系统相电压和 PT 电流波形。仿真结果显示，一次消谐器消谐效果良好，故障恢复后 0.2s 内各相电压恢复正常，零序电压变为零，分频谐振得到有效抑制。

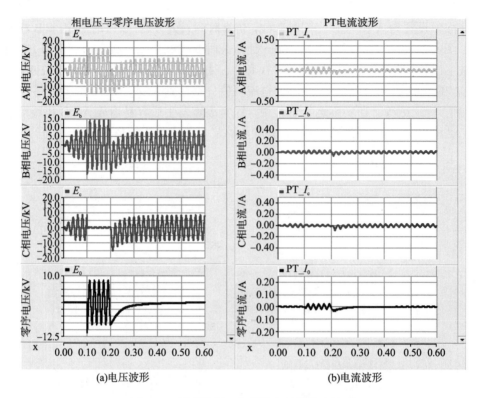

图 6-22   铁磁谐振一次消谐有效性仿真波形

试验中采用的部分电压互感器为半绝缘型。半绝缘型 PT 是指其一次绕组的一端直接接地的单相电压互感器，一次绕组接地端(N 端)设计时，靠近二次绕组，其一次绕组与二次绕组及地间的主绝缘承受的电压很低，GB20840.3—2013 标准中要求其短时工频耐受电压仅有 3 kV。

由于半绝缘电磁式电压互感器具有独特的结构，以及其成本低、体积小、质量轻等特点，因此广泛应用于 35kV 及以下配电网系统中。但是半绝缘 PT 也有一些缺点，尤其是与一次消谐器的配合使用时。图 6-23 所示为 PT 一次侧中性点电压波形，单相接地故障时其峰值超过了 8kV，当接地故障恢复后，PT 中性点脉冲电压峰值与接地故障时电压相同，略高于 8kV。这是在铁磁谐振发生时，由于 PT 阻抗变小，一次消谐器阻抗变大所导致。这也解释了铁磁谐振试验过程中，图 6-24 所示的 PT 中性点会发生放电的原因。

仿真结果显示，带有一次消谐器时，铁磁谐振受到抑制，在最严重的单相接地情况下，流过 PT 的电流不超过 1A，而在已开展的针对熔断器的试验中已经证明了短时间的 1A 电流不会造成熔断器的熔断。而此时 PT 中性点电压峰值达到了 2.6kV 左右，流过消谐器的电流可以达到 1.5A 以上，消谐器连接在电压互感器的 N 端，N 端的绝缘水平为工频 5kV，并且 N 端离电压互感器二次绕组的距离较近，只有 1cm，若一次消谐器消谐特性很差，可能会造成 N 端对二次绕组放电，很大概率是由于电压互感器外护套的沿面闪络所致。

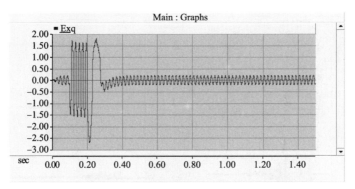

图 6-23　加装一次消谐器后消谐 PT 中性点电压波形

图 6-24　PT 中性点放电

2. 消弧线圈谐防护技术仿真分析

图 6-25 所示为消弧线圈有效性系统相电压和 PT 电流波形。结果显示，消弧线圈消谐效果良好，故障恢复后 0.1s 内各相电压恢复正常，零序电压变为零，分频谐振得到有效抑制。

3. 二次消谐器防护技术仿真分析

图 6-26 所示为二次消谐有效性系统相电压和 PT 电流波形。仿真结果显示，二次消谐效果良好，PT 二次侧开口三角短接后 0.05s 内各相电压恢复正常，零序

电压变为零，分频谐振得到有效抑制。

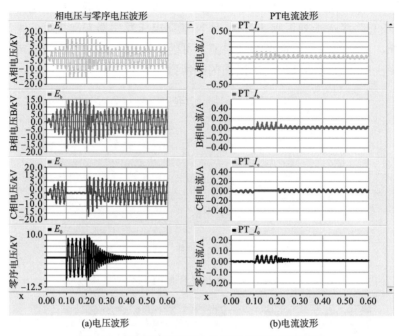

(a)电压波形　　　　　　　　　　　(b)电流波形

图 6-25　消弧线圈抑制铁磁谐振有效性仿真波形

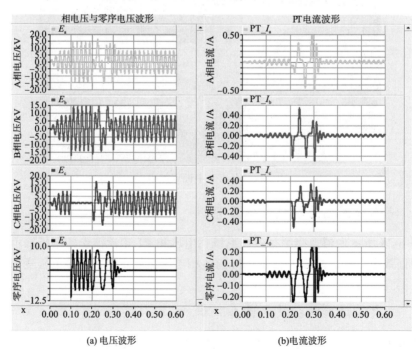

(a) 电压波形　　　　　　　　　　　(b)电流波形

图 6-26　二次消谐抑制铁磁谐振有效性仿真波形

6.2.8 断线引起的铁磁谐振防护技术仿真分析

对 6.2.6 节中的电路仿真模型分别加装一次消谐、消弧线圈和二次消谐装置，对断线引起的铁磁谐振防护技术进行仿真分析。

1. 一次消谐防护技术仿真分析

图 6-27 所示为 PT 中性点加装一次消谐器后系统相电压和 PT 电流波形，0.1s 时 A 相断线，将断线前后波形对比，结果显示一次消谐消除了各相电压波形中的谐波分量，只剩下工频分量，过电压幅值也从 20kV 下降至 15kV 以下；此外 PT 电流幅值也下降至 0.1A 以下。零序电压只剩下由于断线引起的不平衡分量，不含谐波分量。

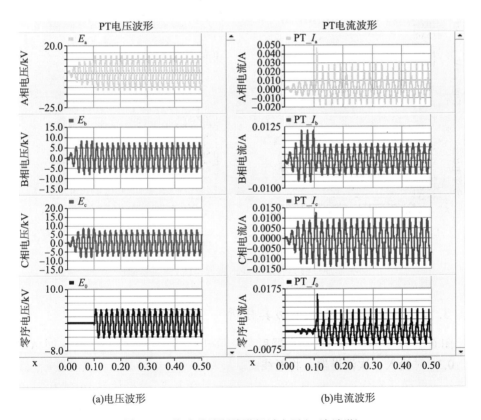

(a)电压波形   (b)电流波形

图 6-27 线路首端断线谐振过电压(一次消谐)

2. 消弧线圈防护技术仿真分析

图 6-28 所示为系统加装消弧线圈之后相电压和 PT 电流波形。0.1s 时 A 相断

线，0.3s 时投入消弧线圈。将断线前后波形对比，消弧线圈消除各相电压波形中的谐波分量后只剩下工频分量，过电压幅值也从 20kV 下降至 10kV 以下；此外 PT 电流幅值除了 C 相为 0.2A 左右外，另外两相都在 0.05A 以下。零序电压只剩下由于断线引起的不平衡分量，不含谐波分量。

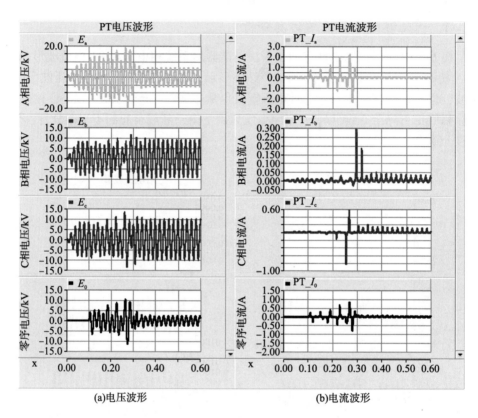

图 6-28　线路首端断线谐振过电压(消弧线圈)

3. 二次消谐器防护技术仿真分析

图 6-29 所示为投入二次消谐器后系统相电压和 PT 电流波形。0.1s 时 A 相断线，0.3s 时投入二次消谐器。将断线前后波形对比，结果显示二次消谐接入后 A 相电压下降至正常运行水平，B 相和 C 相电压反而升高，分别达到 16kV 和 21kV；此外，A 相 PT 电流幅值下降至 1A，B 相和 C 相 PT 电流升高，分别达到 1.2A 和 3A；三相 PT 电流分别以 1A、1.2A 和 2A 的幅值维持稳定的工频振荡。零序电压维持 12kV 的高水平，不含谐波分量。

从此结果看，单相断线后 PT 二次侧投入二次消谐装置，反而使系统面临更严峻的情况，个别相电压和 PT 电流会升高。

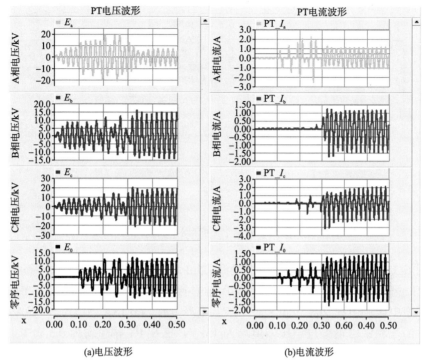

(a)电压波形　　　　　　　　　　　　(b)电流波形

图 6-29　线路首端断线谐振过电压(二次消谐)

6.2.9　线路参数不平衡时铁磁谐振防护技术仿真分析

1. 铁磁谐振防护技术仿真分析

由于空间因素的限制，当架空输电线路不换位或不完全换位时，各相架空线自身参数不平衡，会导致线路正常运行时每相导线的阻抗和导纳不平衡，进而使系统中产生不对称的电压和电流。零、负序参数之间将有耦合，耦合程度越强说明线路长度越不平衡。输电线路长度的不对称，使各相之间的互感和互容不相等，不换位或不完全换位产生相当大的不平衡电压和电流可能影响发电机等电气设备，对线路保护和设计带来不利的影响。

此外，线路不平衡可能对铁磁谐振消谐设备的有效性产生不利影响。图 6-30 所示为线路参数不平衡引起的铁磁谐振仿真电路。铁磁谐振主要由电压互感器和线路对地电容耦合引起。因此，可简单地将输电线路等效于线路参数不平衡时的铁磁谐振问题。根据某 10kV 输电线路的电容电流测试，在实测电容电流值，输电线路被等效为 0.1μF 电容；C 相额外并联一个小电容，以模拟线路不平衡程度。仿真结果显示，并联的小电容越大，即线路不平衡程度越高时，正常运行时三相电压越不对称，零序电压越大，接地恢复引起的三相铁磁谐振过电压的值差异越大，有些相偏低，有些相偏高。

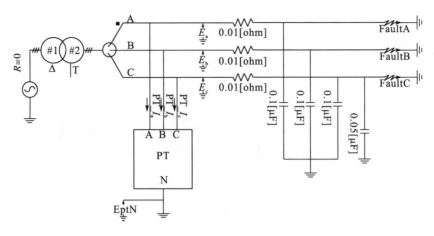

图 6-30　线路参数不平衡时的铁磁谐振仿真电路

图 6-31 所示为 C 相并联小电容为 0.05μF（线路对地电容的 50%）时系统相电压和 PT 电流波形。0.3s 时 C 相接地，0.4s 时接地恢复。仿真结果显示，0.3s 接地前，零序电压幅值在 2kV 左右；三相 PT 电流分别为 0.18A、0.1A 和 0.1A。接地恢复后，三相铁磁谐振过电压幅值均为 15kV，三相 PT 幅值均为 0.3A。

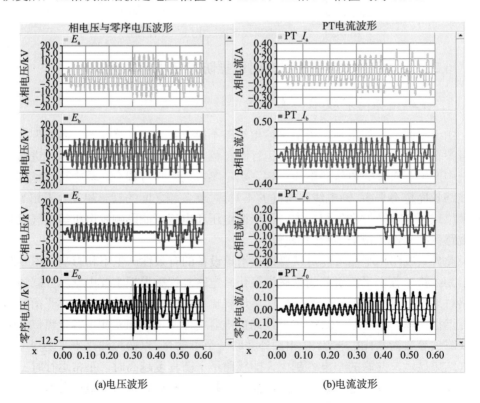

图 6-31　线路参数不平衡引起的铁磁谐振

2. 一次消谐防护技术仿真分析

图 6-32 所示为 PT 中性点加装一次消谐器的系统相电压和 PT 电流波形。仿真结果显示，一次消谐器能抑制铁磁谐振引起的过电压谐波分量。通过和线路平衡时的线路仿真对比验证，线路不平衡对一次消谐器的消谐有效性没有影响，即当线路平衡和线路不平衡时，一次消谐器均能抑制铁磁谐振。

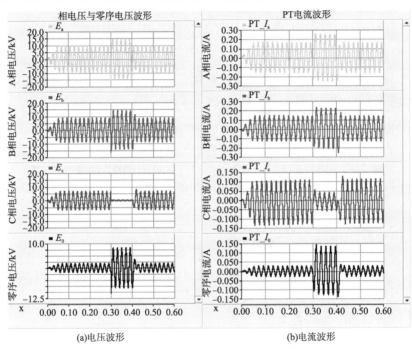

(a)电压波形　　　　　　　　　　　　　　　(b)电流波形

图 6-32　铁磁谐振一次消谐有效性仿真波形

3. 消弧线圈防护技术仿真分析

图 6-33 所示为系统中性点加装消弧线圈以后的系统相电压和 PT 电流波形。仿真结果显示，接入消弧线圈不仅能抑制铁磁谐振引起的过电压谐波分量，还能一定程度降低相电压的不平衡分量，经过短暂的衰减振荡以后，零序电压下降到零。

4. 二次消谐器防护技术仿真分析

图 6-34 所示为投入二次消谐器以后的系统相电压和 PT 电流波形。0.1s 时 C 相接地，0.2s 时接地恢复，0.4s 时二次消谐器开关动作，0.5s 时二次消谐器再次动作，开关打开。仿真结果显示，短暂地接入二次消谐器不能有效地抑制铁磁谐振，这与二次消谐器接入时间有关，接入时间越长，消谐波有效性越好。此外，线路不平衡在一定程度上影响二次消谐器的消谐有效性，即二次消谐器接入时间一定时，线路不平衡度越高，消谐有效性越差。

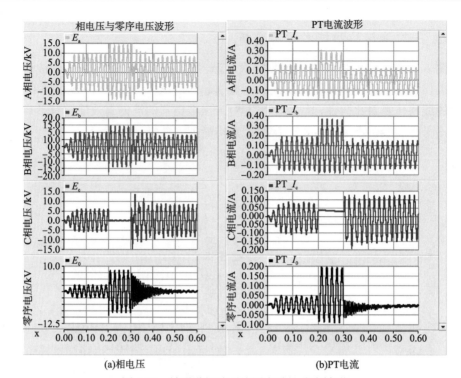

(a)相电压   (b)PT电流

图 6-33　铁磁谐振消弧线圈有效性仿真波形

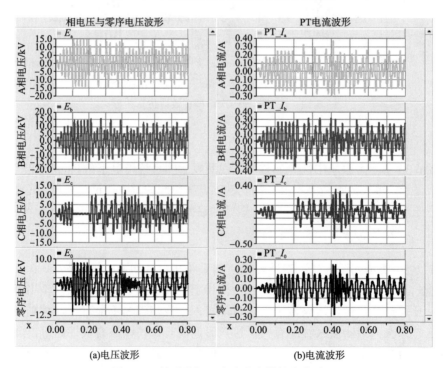

(a)电压波形   (b)电流波形

图 6-34　铁磁谐振二次消谐有效性仿真波形

6.3　配电变压器铁磁谐振仿真计算与分析

6.3.1　基本模型

变压器的励磁特性具有非线性的特点，若回路中由于某种冲击扰动使铁芯趋于饱和，则励磁感抗小于初始励磁感抗，随着饱和深度逐渐加深，变压器励磁感抗逐渐减小，有可能满足励磁电抗等于串联回路中的等值电容这一串联谐振条件，从而发生分频、基频、高频谐振。同时，故障类型和参数的不同导致发生谐振的类型和发生概率也会有所不同。另外，作为参与谐振的电感元件，配电变压器的正常工作点距饱和点一般比互感器近得多，端电压的升高更容易使变压器进入饱和状态。

本节仿真电路为 10kV 中性点不接地系统，如图 6-35 所示，线路对地电容约为系统总电容的 10%（单位线路对地电容按照 0.005μF 计算，长度约为 20km），线路末端的配电变压器容量为 100kVA，空载电流 $I_0=3.5\%$，经计算，初始励磁电抗约为 28kΩ。经过电容电流的测试，线路模型单相对地电容电流为 0.024A/km。

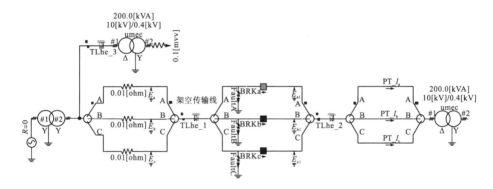

图 6-35　配电变压器铁磁谐振仿真电路

6.3.2　铁磁谐振仿真分析

1. A 相接地

图 6-36 所示为 A 相接地故障时系统相电压波形。线路总长为 20km，接地点离变电站侧 2km。0.1s 时 A 相接地，0.2s 时恢复。仿真结果显示，接地恢复以后三相电压 0.02s 内迅速恢复至正常。

改变线路长度，固定接地故障点，结果显示总线路长度在 50km 以内变化时，过电压都差别不大，接地恢复后不能引发铁磁谐振。

改变接地点位置,固定线路总长度,结果显示接地点改变时过电压幅值不大,接地恢复后不能引发铁磁谐振。

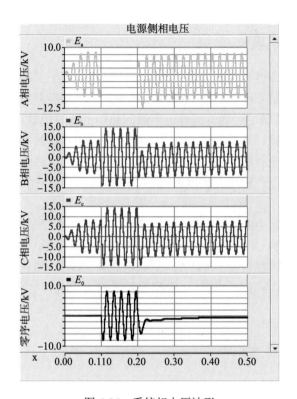

图 6-36　系统相电压波形

2. A 相断线

图 6-37 所示为 A 相断线故障时系统相电压波形。线路总长为 20km,断线点离变电站侧 15km。0.1s 时 A 相断线。仿真结果显示,断线激发了配电变压器的铁磁谐振,负载侧三相过电压幅值分别为 18.7kV、10kV 和 9kV,配电变压器三相电流幅值分别为 5A、5A 和 4A。断线相负载侧的电压和电流最高。

断线点位置对过电压幅值有很大影响。表 6-3 和图 6-38 所示为电源侧和负载侧铁磁谐振过电压幅值与断线点位置的关系,L_1 为断线点距变电站距离,U_a 为电源侧相电压,U_b 为负载侧相电压。电源侧相电压随 L_1 增大而减小,即当断线点越远离变电站时,电源侧相电压越低,当断线点直接在变电站时,电源侧相电压幅值为 16.6kV。当 L_1=15km 时,负载侧相电压最高为 18.7km。

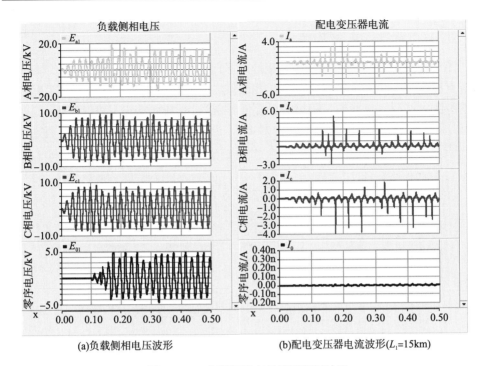

(a)负载侧相电压波形　　　　　　　　(b)配电变压器电流波形(L_1=15km)

图 6-37　A 相断线引起的铁磁谐振波形

表 6-3　电源侧和负载侧铁磁谐振过电压幅值与断线点位置的关系

L_1/km	0	2	5	10	15	16	17
U_a/kV	16.6	15.8	14.8	12.6	12.3	10.1	9.1
U_b/kV	11.3	13.9	13.9	16.5	18.7	17.5	12.4

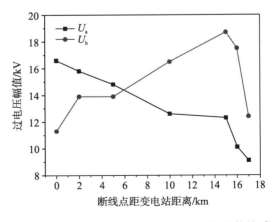

图 6-38　铁磁谐振过电压幅值与断线点位置的关系

3. A 相断线，电源侧接地

图6-39所示为A相断线电源侧接地故障时系统相电压波形。线路总长为20km，断线点离变电站侧 10km。0.1s 时 A 相断线。仿真结果显示，断线激发了配电变压器的铁磁谐振，负载侧三相过电压幅值分别为 30.1kV、15kV 和 15kV，配电变压器三相电流幅值分别为 6.2A、6A 和 4A。断线相负载侧的电压和电流最高。

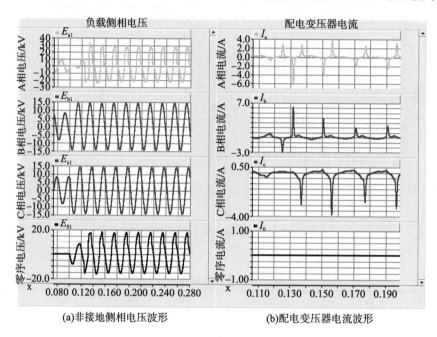

(a)非接地侧相电压波形　　　　　　(b)配电变压器电流波形

图 6-39　A 相断线、电源侧接地谐振波形

断线点位置对过电压幅值有很大影响，因此改变断线点位置仿真分析。表 6-4 和图6-40所示为负载侧铁磁谐振过电压幅值和配电变压器电流幅值与断线点位置的关系，L_2 为断线点距负载侧距离，U_b 为负载侧相电压，I 为配电变压器电流幅值。负载侧相电压和配电变压器电流 I 随 L_2 增大而增大，即当断线点越远离负载侧时，I 和负载侧相电压越高，当断线点直接在变电站侧时，负载侧相电压幅值为 31.4kV，I 为 9.32A。

表 6-4　负载侧铁磁谐振过电压幅值和配电变压器电流幅值与断线点位置的关系

L_2/km	20	15	10	5	2	1.5	1	0.5	0
U_b/kV	31.4	32.2	30.1	29.5	26.8	26.5	26.3	23.05	12.28
I/A	9.32	7.36	5.97	3.91	1.45	1	0.5	0.3	0

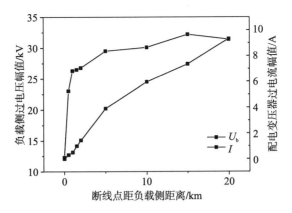

图 6-40　铁磁谐振过电压幅值与断线点位置的关系

4. A 相断线，负载侧接地

图 6-41 所示为 A 相断线、负载侧接地故障时系统相电压波形。线路总长为 20km，断线点离变电站侧 2km，0.1s 时 A 相断线。仿真结果显示，断线激发了配电变压器的铁磁谐振，负载侧三相过电压幅值分别为 13.8kV、9kV 和 12kV，配电变压器三相电流幅值分别为 0.05A、0.15A 和 0.15A。断线相负载侧的电压最高。

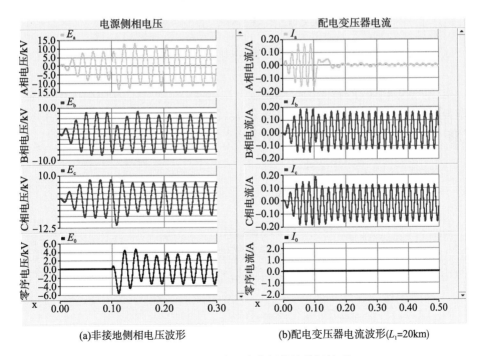

(a)非接地侧相电压波形　　　　　　(b)配电变压器电流波形(L_1=20km)

图 6-41　A 相断线、负载侧接地谐振波形

断线点位置对过电压幅值有很大影响。表 6-5 和图 6-42 所示为电源侧铁磁谐振过电压幅值与断线点位置的关系，L_1 为断线点距变电站距离，U_a 为电源侧相电压。负载侧相电压随 L_1 增大而减小，即当断线点越远离变电站时，电源侧相电压越低，当断线点直接在变电站侧时，电源侧相电压幅值为 14.2kV。

表 6-5   电源侧铁磁谐振过电压幅值与断线点位置的关系

L_1/km	0	0.5	1	2	5	10	15	20
U_a/kV	14.2	13.9	13.8	13.2	12.8	11.9	11.1	10.6

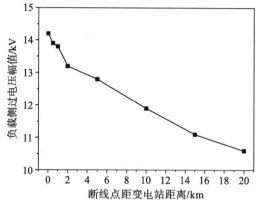

图 6-42   铁磁谐振过电压幅值与断线点位置的关系

6.3.3   铁磁谐振防护技术仿真分析

电压互感器引发的铁磁谐振可通过一次消谐、二次消谐和消弧线圈抑制。而配电变压器引发的铁磁谐振只能通过消弧线圈进行抑制。图 6-43 所示为系统中性点加装消弧线圈的配电变压器铁磁谐振仿真电路。

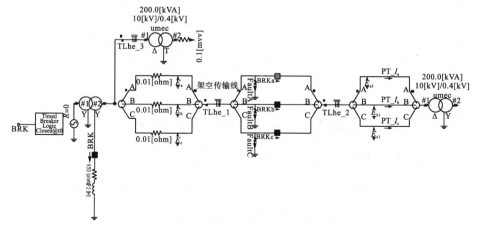

图 6-43   系统中性点加装消弧线圈的配电变压器铁磁谐振仿真电路

1. A 相断线

图 6-44 所示为 A 相断线故障时系统相电压波形。线路总长为 20km，断线点离变电站侧 15km。0.1s 时 A 相断线，0.3s 时接入消弧线圈。仿真结果显示，断线激发了配电变压器的铁磁谐振，接入消弧线圈以后系统相电压和配电变压器电流反而升高，负载侧三相过电压幅值分别为 28kV、16kV 和 15kV，配电变压器三相电流幅值分别为 5A、7A 和 5A，接入消弧线圈后配电变压器电流有效值更高。断线相负载侧的电压和电流最高。

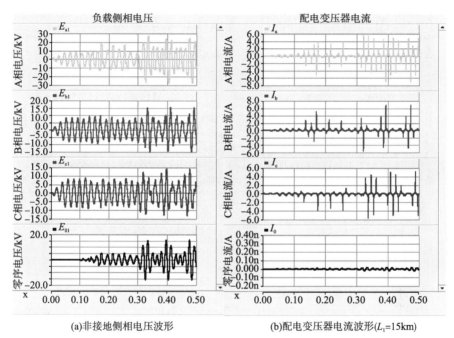

(a)非接地侧相电压波形　　　　　　　　　(b)配电变压器电流波形(L_1=15km)

图 6-44　A 相断线谐振波形

2. A 相断线，电源侧接地

图 6-45 所示为 A 相断线、电源侧接地故障时系统相电压波形。线路总长为 20km，断线点离变电站侧 10km。0.1s 时 A 相断线，0.3s 时接入消弧线圈。仿真结果显示，断线激发了配电变压器的铁磁谐振，在此故障设置下，接入消弧线圈并不能抑制铁磁谐振，降低其过电压波幅值，即接入消弧线圈前后的过电压波形特征相同。负载侧三相过电压幅值分别为 30.1kV、15kV 和 15kV，配电变压器三相电流幅值分别为 6.2A、6A 和 4A。断线相负载侧的电压和电流最高。

3. A 相断线，负载侧接地

图 6-46 所示为 A 相断线、负载侧接地故障时系统相电压波形。线路总长为

20km，断线点离变电站侧 2km。0.1s 时 A 相断线。仿真结果显示，断线激发了配电变压器的铁磁谐振，接入消弧线圈能够有效抑制三相过电压幅值，其幅值分别降为 8.2kV、9.5kV 和 9.5kV，配电变压器三相电流幅值分别降为 0.1A、0.5A 和 0.15A。断线相负载侧的电压最高。

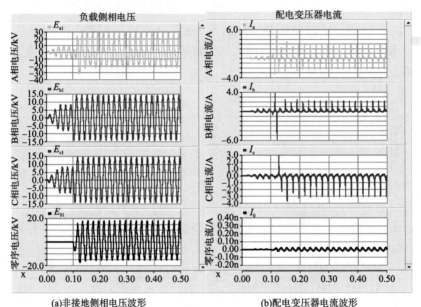

图 6-45　A 相断线、电源侧接地谐振波形

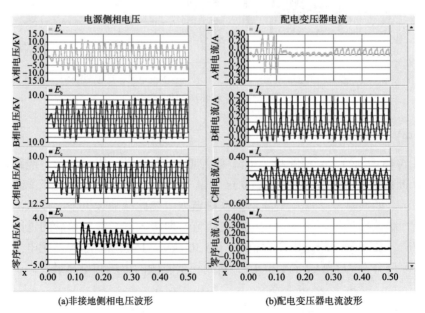

图 6-46　A 相断线、负载侧接地谐振波形

参 考 文 献

[1]解广润. 电力系统过电压[M]. 北京: 水利电力出版社, 1985.

[2]吴维韩. 电力系统过电压数值计算[M]. 北京: 科学出版社, 1989.

[3]Ouhrouche M A, Marceau R J, Dai X D. Ferroresonance[M]//Wiley Encyclopedia of Electrical and Electronics Engineering. John Wiley & Sons, Inc. 1999.

[4]Araujo A E A, Soudack A C, Marti J R. Ferroresonance in power systems: Chaotic behaviour[J]. IEE Proceedings-Generation, Transmission and Distribution, 1993, 140(3): 237-240.

[5]曾祥君, 杨先贵, 王文, 等. 基于零序电压柔性控制的配电网铁磁谐振抑制方法[J]. 中国电机工程学报, 2015(07): 1666-1673.

[6]杨鸣, 司马文霞, 段盼, 等. 铁磁谐振过电压柔性控制的试验研究[J]. 高电压技术, 2015(02): 647-653.

[7]Mozaffari S, Henschel S, Soudack A C. Chaotic ferroresonance in power transformers[J]. IEE Proceedings-Generation, Transmission and Distribution, 1995, 142(3): 247-250.

[8]周默, 孙岩洲. 电网中性点不同接地方式下铁磁谐振的消谐研究[J]. 高压电器, 2015(01): 80-85.

[9]Marti J R, Soudack A C. Ferroresonance in power systems: fundamental solutions[J]. IEE Proceedings-Generation, Transmission and Distribution, 1991, 138(4): 321-329.

[10]姜伟. 配电网铁磁谐振分析与治理措施研究[D]. 济南: 山东大学, 2014.

[11]司马文霞, 陈莉珺, 杨庆, 等. 基于过电压时间序列的铁磁谐振在线建模与反馈控制[J]. 高电压技术, 2014, 40(07): 1948-1956.

[12]胡强. 10kV配电网电压互感器铁磁谐振的抑制研究[D]. 南昌: 华东交通大学, 2014.

[13]Mork B A, Stuehm D L. Application of nonlinear dynamics and chaos to ferroresonance in distribution systems[J]. IEEE Transactions on Power Delivery, 1994, 9(2): 1009-1017.

[14]杨鸣. 铁磁谐振过电压非线性特性及其柔性抑制策略研究[D]. 重庆: 重庆大学, 2014.

[15]曾祥君, 胡京莹, 王媛媛, 等. 基于柔性接地技术的配电网三相不平衡过电压抑制方法[J]. 中国电机工程学报, 2014, 34(04): 678-684.

[16]梁志瑞, 董维, 刘文轩, 等. 电磁式电压互感器的铁磁谐振仿真研究[J]. 高压电器, 2012, 48(11): 18-23.

[17]Iravani M R, Hassan I E, Keri A J F, et al. Modeling and analysis guidelines for slow transients. III. The study of ferroresonance[J]. IEEE Transactions on Power Delivery, 2000, 15(1): 255-265.

[18]陈维贤, 陈禾. 配电网中电压互感器消谐、单相消弧和单相永久性故障切线问题的解决方案[J]. 高电压技术, 2012, 38(04): 776-781.

[19]吴昊. 35kV中性点不接地系统铁磁谐振过电压及其抑制措施研究[D]. 长沙: 湖南大学, 2012.

[20]Van Craenenbroeck T. Discussion of "Modeling and analysis guidelines for slow transients. III. The study of ferroresonance"[J]. IEEE Transactions on Power Delivery, 2003, 18(4): 1592.

[21]王恒山, 王铮, 王门鸿, 等. TV 中性点经消谐电阻接地使二次电压异常的分析[J]. 华东电力, 2012, 40(02): 320-323.

[22]杜林, 李欣, 吴高林, 等. 采用 3 类特征参量比值法的铁磁谐振过电压识别[J]. 高电压技术, 2011(09): 2241-2249.

[23]Jacobson D A N. Examples of ferroresonance in a high voltage power system[C]. 2003 Power Engineering Society General Meeting. IEEE, 2003, 2: 1206-1212.

[24]陈晶. 中低压系统中性点接地方式和消谐措施仿真研究[J]. 云南电力技术, 2011, 39(03): 89-103.

[25]李旭洋, 董新洲, 薄志谦. 电力变压器铁磁谐振检测方法研究[J]. 电力系统保护与控制, 2011, 39(09): 102-107.

[26]Rezaei-Zare A, Sanaye-Pasand M, Mohseni H, et al. Analysis of Ferroresonance Modes in Power Transformers Using Preisach-Type Hysteretic Magnetizing Inductance[J]. IEEE Transactions on Power Delivery, 2007, 22(2): 919-929.

[27]王鹏, 郭洁, 齐兴顺, 等. 35kV 中性点经消弧线圈接地系统几种铁磁谐振消谐措施有效性分析[J]. 电瓷避雷器, 2010(06): 34-37.

[28]胡成. 配电网的铁磁谐振机理和消谐措施的研究[D]. 成都: 西南交通大学, 2010.

[29]Gish W B, Feero W E, Greuel S. Ferroresonance and Loading Relationships for DSG Installations[J]. IEEE Transactions on Power Delivery, 1987, 7(3): 953-959.

[30]唐海燕. 铁磁谐振的防止与加装消谐 PT 的接线分析[J]. 电气工程应用, 2009(04): 36-39.

[31]陈志平, 金向朝. 10kV 电磁式电压互感器熔断器频繁烧毁事故分析[J]. 南方电网技术, 2009, 3(S1): 154-157.

[32]Ben-Tal A, Shein D, Zissu S. Studying ferroresonance in actual power systems by bifurcation diagram[J]. Electric Power Systems Research, 1999, 49(3): 175-183.

[33]汪伟, 汲胜昌, 李彦明. 用非线性电阻模拟变压器损耗进行铁磁谐振过电压研究[J]. 西安交通大学学报, 2009, 43(10): 109-113.

[34]汪伟, 汲胜昌, 曹涛, 等. 基波铁磁谐振理论分析及实验验证[J]. 电网技术, 2009, 33(17): 226-230.

[35]Zhu X, Yang Y, Lian H, et al. Study on ferroresonance due to electromagnetic PT in ungrounded neutral system[C]. 2004 Powercon International Conference on Power System Technology. IEEE, 2004, 1: 924-929.

[36]汪伟, 汲胜昌, 李彦明, 等. 电压互感器饱和引起铁磁谐振过电压的定性分析与仿真验证[J]. 变压器, 2009, 46(02): 30-33.

[37]王海棠, 窦春霞, 王宁, 等. 基于 ATP-EMTP 的 PT 铁磁谐振与消谐措施研究[J]. 变压器, 2008, 45(03): 24-28.

[38]Turov E A. Nuclear Magnetic Resonance in Ferro-and Antiferromagnets[J]. Applied Spectroscopy Reviews, 1972, 41(1): 935-936.

[39]张业. 电力系统铁磁谐振过电压研究[D]. 成都: 西南交通大学, 2008.

[40]吕鲜艳. 35kV 系统铁磁谐振过电压的分析及抑制[D]. 北京: 华北电力大学(北京), 2008.

[41]余宇红. 铁磁谐振过电压的研究[D]. 杭州: 浙江大学, 2006.

[42]Turov E A. Nuclear Magnetic Resonance in Ferromagnets and Antiferromagnets[J]. Applied Spectroscopy Reviews, 2007: 5(01): 265-330.

[43]周浩, 余宇红, 张利庭, 等. 10kV 配电网铁磁谐振消谐措施的仿真比较研究[J]. 电网技术, 2005, 29(22): 24-34.

[44]杨钢, 张艳霞, 陈超英. 电力系统过电压计算及避雷器的数字仿真研究[J]. 高电压技术, 2001, 27(03): 64-66.

[45]Du Z Y, Rvan J J, Wang W G. Improvements on simulation model of ferroresonance[J]. Relay, 2004(08): 28-32.

[46]杨秋霞. 电力系统铁磁谐振的数字仿真及小波分析[D]. 北京: 华北电力大学(北京), 2001.

[47]Lamba H, Grinfeld M, Mckee S, et al. Subharmonic ferroresonance in an LCR circuit with hysteresis[J]. IEEE Transactions on Magnetics, 1997, 33(4): 2495-2500.

[48]石晶, 陈红坤, 李艳, 等. 三相 PT 谐振消谐过程的数值仿真[J]. 高电压技术, 1999(01): 82-83.

[49]佟为明, 陈向阳, 翟国富, 等. 特定消谐式谐波抑制技术中过渡过程的分析[J]. 电工技术学报, 1998, 13(03): 18-22.

[50]Tanggawelu B, Mukerjee RN, Ariffin AE. Ferroresonance studies in Malaysian utility's distribution network[C]. 2003 Power Engineering Society General Meeting. IEEE, 2003: 1216-1219.

[51]Graovac M, Iravani R, Wang X, et al. Fast ferroresonance suppression of coupling capacitor voltage transformers[J]. IEEE Power Engineering Review, 2002, 22(8): 71-71.

[52]Piasecki W, Florkowski M, Fulczyk M, et al. Mitigating Ferroresonance in Voltage Transformers in Ungrounded MV Networks[J]. IEEE Transactions on Power Delivery, 2007, 22(4): 2362-2369.

[53]Li Y, Shi W, Li F. Novel analytical solution to fundamental ferroresonance-Part I: Power frequency excitation characteristic[J]. IEEE Transactions on Power Delivery, 2006, 21(2): 788-793.